AJIKI
SWEETS
WONDER
LAND

一流主廚的蛋糕櫃
安食雄二原創甜點食譜集

安食雄二

MESSAGE

······

發行祝賀辭

from Bros.
〔 來自研習伙伴的問候 〕

照片左側為Mont St. Clair的店主兼主廚──辻口博啟，右側則為L'AUTOMNE的店主兼主廚──神田広達。兩位皆為安食主廚在第一間研習店家「ら‧利す帆ん」擔任寄宿學徒時的前輩與後輩，吃住都在一起，有如兄弟般。歷經了嚴格的學徒生涯，如今三兄弟各自擁有自己的店鋪，致力經營獨一無二的甜點店。安食主廚打從心底敬佩創造出獨特風格甜點的辻口及神田，能夠受到他們兩位的鼓舞打氣，是安食主廚相當引以為傲的事。

"MESSAGE" from HIRONOBU TSUJIGUCHI

認識安食是我20歲左右的事。在寄宿的店裡，吃住都在一起，每天從早工作到晚。當時在店裡一起工作的五個人，必需擔負起一年銷售額達兩億日幣的甜點製作量，我們每天都處在戰鬥的狀態裡。在當時無論是成立個人店鋪或參與各項比賽，都比現今困難許多，但我們仍然沒有放棄追尋夢想，工作結束後會互相切磋討論直到凌晨3點，全心全意為了比賽努力練習。也因為有那些經歷，才有如今的我們。和安食、広達共同度過的時光，是屬於我的寶貴資產，有著數不清的回憶。我們就像親兄弟般，即使分開，也有著不可思議的相知相惜。安食也是因為走過了那些時光，才有如今的成就吧！這本書，在許多層面上就如同安食的人生故事，值得好好欣賞，恭禧出版！

Mont St. Clair
店長主廚
辻口博啓

"MESSAGE" from KOUTATSU KANDA

對我而言，辻口兄和安食兄都是偉大的前輩、老師，比親哥哥更像令我尊敬的大哥。老實說，如果沒有遇見他們兩位，我想我今天不會在這裡。在最初工作的「ら・利す帆ん」裡，說我是看著他們兩位的身影而成長，一點也不為過。起初，我沒有身為職人該有的自覺，不但技術不佳，就連面對工作時該有的精神及責任感都欠缺。是他們兩位以身教告訴我，身為職人應該具備的條件。有時站在大哥的立場斥責我，有時像親哥哥般地一起打鬧，許多快樂的往事不一而足。如今，他們兩位都已經是地位崇高的大人物了，與我仍然相當親近，在安食兄發行新書之即，讓我有機會送上祝福，我打從心底感謝。安食兄出書對我來說是相當令人激動的事，今後我也將以弟弟的身分繼續支持安食主廚。

L'AUTOMNE
店長主廚
神田広達

INTRODUCTION

......

前言

　　我從2001年開始擔任主廚以來，總是不斷地思考「究竟何謂自我風格」。由於歷經了無數的各式比賽，因此我深刻地感受到，作品的態度以及原創性有多麼地重要。我總是以「一眼就能看出這是屬於誰的作品」的核心想法進行創作。話雖如此，平日在甜點店裡的工作，大多是製作草莓蛋糕或起司蛋糕這類廣受歡迎的糕點，並不是適合用來展現「這是我所製作的甜點」的好時機。

　　我們作為展現創意的人，並不是光想著「什麼才能大賣、現在流行什麼……」這些和經營有關的事情在製作甜點的。有些時候，追求商業上的成功，會和自己真心想作的事情有所出入。然而話說回來，若只作自己喜歡的事，心想著「懂我的人就會懂」，其實最後也只流於自我滿足罷了。如何在兩者中取得平衡，實在不容易。

　　所以我綜觀店裡的設計、商品陳列擺設，希望能徹底表現出我的個人風格以及看待世界的角度。在整體的平衡感上，我認為思索如何將生長在日本所養成的味覺，完美結合歐洲甜點的精粹並使其昇華，是很重要的事。2010年創業之際，店名選用Sweets Garden而非Patîsserie（法文，意指甜點店），正是因為我想創造一個擁有許多繽紛甜點，並且空間放鬆舒適的「甜點花園」。不畫地自限於法式甜點或德式甜點，我所希望的是作為在地的甜點鋪，為大家提供屬於「安食的甜點」。

CONTENTS

......

目錄

CHAPTER 1
基本麵糰・奶油醬

CHAPTER 2
安食雄二甜點店的定番款甜點

Mélangeur
電動攪拌機

基本上所使用的攪拌機為「KitchenAid Standard Mixer」。此機器共有10種段速可調，本書以1至3段為低速、4至7段為中速、8至10段為高速。關於攪拌頭的使用，在混合鮮奶油或蛋白霜，這類需要打入大量空氣的食材時，用的是鋼絲攪拌頭；而混合餅乾類的材料時，為了使整體平均一致，選用的則是勾狀攪拌頭。

Robot de cuisine
食物調理機

食物調理機是以馬達轉動刀片，將機器裡的食材切拌混合在一起的調理工具。圖中為法國Robot Coupe公司的產品，即使是堅硬的堅果類也能迅速攪碎，是本店自製堅果醬的最佳幫手。它也具有真空處理後攪拌、乳化的機能，能夠作出沒有氣泡、綿密柔細的奶油醬。

UTENSILS

......

製作甜點的工具

Spatule, Thermomètre
攪拌刀及溫度計

由於製作甜點時會高度利用食材之間的化學變化，因此正確的溫度就變得相當重要。安食主廚會將溫度計以透明膠帶固定在攪拌刀上，便可以在攪拌材料的同時確認溫度。以鍋子加熱奶油醬時、將調理盆底浸入冰水冷卻時、隔水加熱融化巧克力時，一定看得見這支貼了溫度計的攪拌刀登場。

Casseroles en cuivre
銅鍋

安食主廚獨自創業以來所蒐集的法國製銅鍋，至今已有10個之多。銅鍋有著導熱快、受熱均勻的特點，尤其在製作英式蛋黃醬這類以蛋黃為主的醬料時，比起薄底的鍋子，以銅鍋製作出來的成果明顯優異許多。安食主廚表示：「借助工具的力量，能夠達到更好的品質。」無論是製作奶油醬或其他醬料，每天都會頻繁地使用銅鍋。

Flexipan
矽膠模型

由法國的DEMARLE公司以矽膠及玻璃纖維材質所製成的Flexipan模型，使用溫度範圍為250℃至零下40℃，最大的特色是能既能夠放入烤箱，也能夠冷凍，用來製作慕絲或是慕絲夾心中的奶油醬最為適合。就連複雜的形狀也很容易脫模，可用來製作許多特殊造型的甜點。

Bac en bois
木製麵包箱

需要將烤好的海綿蛋糕放涼時，就會用上這個在麵包發酵時所使用的木製麵包箱。安食主廚的理由是「就像把煮好的白米飯放入米飯桶裡，有同樣的效果」。由於木製麵包箱能適度地調節濕度、水分，麵糰既不會乾掉，也不會被燜蒸，能夠維持濕潤的質感。

工具會結集在能活用的人身邊！

Four à sol, Four ventilé
平窯（多層烤箱）・旋風烤箱

在安食主廚的店裡所使用的烤箱，有稱之為「平窯」的多層烤箱及旋風烤箱兩種。平窯烤箱能夠調節上火及下火的溫度，適用於以模型製作的海綿蛋糕或派皮等等。旋風烤箱的特色，則是以烤箱內的風扇達到熱風循環的效果烘烤，適合用於蛋白霜及烘焙點心上。

Caraméliseur
焦糖電烙鐵

安食主廚愛用的西班牙製焦糖電烙鐵。在慕斯或奶油醬、麵糰等表面灑上糖粉，進行焦糖化時使用的焦糖電烙鐵，是在製作定番商品席布斯特（參照p.72）時不可或缺的工具。在使用時，右手拿著焦糖電烙鐵，左手則拿著瓦斯噴槍，一邊將冒出的煙以噴槍點燃一邊進行。

Farine
麵粉

依據蛋白質的含量分為高筋、中筋、低筋麵粉。想製作口感柔軟的麵糰時，就要使用蛋白質含量低的低筋麵粉；想發揮麵筋的彈性時，就要選用高筋麵粉。安食主廚所使用的低筋麵粉是「Super Violet」（日清製粉）、高筋麵粉是「Kameria」（日清製粉）及「Mont-Blanc」（第一製粉）。

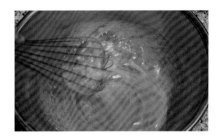

œuf
雞蛋

能夠左右可麗餅、蛋糕卷、泡芙風味的雞蛋，經過慎選後使用的是「那須御養卵」的M‧S型蛋，特色是濃郁的風味及色澤飽合的蛋黃。雞蛋在使用前，若先從冷藏庫取出退冰，會更容易與其他材料混合。因蛋黃使用機率高，可加入20％的細砂糖後冷凍保存，也能提高製作流程的效率。

INGREDIENTS

......

製作甜點的材料

Sucre
砂糖

基本上使用精製度高、無色透明的細砂糖，但也會依據甜點的風格使用黑糖或楓糖，以增添特色。把細砂糖磨細製成的糖粉，適用於攪拌在水分含量較少的麵糊裡，或作為裝飾時。想要保持糖分但降低甜度時，可以海藻糖替代部分砂糖。

Beurre
奶油

決定甜點風味及口味的關鍵。考量風味及物理性質，選用明治乳業的「明治發酵奶油」（無鹽），特色是濃郁的發酵風味及清爽的香氣，延展性良好、操作順手也是受到安食主廚長年愛用的原因。使用時務必先從冷藏庫取出，於室溫下回溫軟化。

Lait, Crème
牛奶・鮮奶油

牛奶主要選用TAKANASHI乳業出品，以來自北海道浜中町、乳脂含量超過4.0%以上的生乳所製成的「特選・北海道4.0牛奶」。也會搭配使用娟珊牛奶或乳脂含量8.8%的濃縮牛奶。鮮奶油則考量乳脂含量與不同乳業公司出品的風味差異，總共使用4家公司的8種產品。

Chocolat
巧克力

可以混入麵糰或鮮奶油，也可以包裹在點心外層，使用範圍相當廣泛且活躍的巧克力，如何把不同品種或產地的可可豆，在搭配其他材料後所變化出來的特色作最大的發揮，至關重要。在安食主廚的店裡，配合甜點的風格，總共使用DOMORI、法芙娜、OPERA、不二製油等4家公司的14種各式巧克力。

> 如何把食材的特色發揮極致，相當重要！

Fruit sec
堅果

杏仁、榛果、核桃，這些堅果類都是為點心增添風味及口感的絕佳配角。只要在麵糰或奶油醬裡混入堅果粉或堅果醬，就能增添香氣或是口感。將堅果焦糖化處理後作成抹醬形態的堅果醬（Praliné）則是店內自製，香氣與眾不同，更增加了甜點的爽口度。

Fruit
水果

經常活用當季新鮮水果也是安食雄二甜點的一大特色。水果塔、鮮奶油蛋糕、席布斯特等甜點，會配合季節更換水果全年提供，而選用的水果也是高品質。草莓用的是「甘王（AMAOU）」，葡萄則是「長野紫（Nagano Purple）」或「晴王（Shine Muscat）」，積極使用這類知名度高的水果品種，作法獨到。

開始製作甜點之前

▸ 本書的食譜是以Sweets Garden Yuji Ajiki店內所使用
的配方為基礎，依據甜點的種類，有些分量較多。

▸ 攪拌機的速度、攪拌時間等等，僅為參考。請依照攪拌
機的機種以及材料的狀態，自行適當調整。

▸ 烤箱的溫度、烘烤時間等等，僅為參考。請依照烤箱的
機種及材料的狀態，自行適當調整。

▸ 烤箱請事先預熱。

▸ 室溫預設為20℃，冷藏為2℃，冷凍為-20℃。

▸ 粉類（包含杏仁粉、可可粉、糖粉等等）使用前請先過
篩。

▸ 手粉使用高筋麵粉。

▸ 雞蛋如果沒有特別說明，請回至室溫後使用。

▸ 奶油使用發酵奶油（無鹽）。

▸ 香草使用將香草莢縱向切開刮出的香草籽，視需求也會
同時使用籽及莢。

▸ 巧克力使用烘焙專用的調溫巧克力。

▸ 使用的材料有時會標註製造商或公司名稱，這是假設使
用者已相當了解產品特色的情況下，當然也可以個人所
喜好的材料替代。

Basic

基本麵糰·奶油醬

本章介紹安食雄二甜點不可或缺的麵糰、奶油醬等等的食譜配方。

藉由各種蛋糕體和奶油醬的交互組合，蛋糕的種類也變得豐富。

千萬不可錯過安食主廚所選擇的材料配方及攪拌、加熱方法等等的小祕訣。

基本最重要！

Pâte à génoise

. . . .

海綿蛋糕

使用全蛋打發法所製作的海綿蛋糕體。最大的特色為綿密濕潤的口感，是草莓鮮奶油蛋糕不可或缺的蛋糕體。製作重點在於把蛋液溫熱後，以高速、中速、低速的順序仔細攪拌，打出細緻綿密的泡沫。並在加入粉類後，仔細攪拌均勻，藉由這個步驟產生筋性，烘烤出爐的蛋糕體便不會塌陷。

材料（ 基本配方・直徑18cm的圓形烤模 1 個分 ）

全蛋《œufs entiers》…135g
蛋黃《jaunes d'œufs》…15g
細砂糖《sucre semoule》…104g
低筋麵粉《farine de blé tendre》…75g
融化奶油《beurre fondu》…30g

1

在攪拌機的鋼盆裡放入全蛋及蛋黃,以打蛋器稍微打散。

2

以單手倒入細砂糖,同時另一手持續以打蛋器攪拌。

3

將步驟**2**的材料置於爐火上加熱,以打蛋器持續攪拌,加熱至30℃。

4

加熱後立刻將攪拌盆裝回攪拌機上,高速攪拌3分鐘。

5

改以中速攪拌3分鐘,接著以中低速、低速,分別攪拌3分鐘,漸漸地本來的大泡沫會愈來愈細,最後整體的泡沫變得平均一致。藉由這個過程,烤出來的蛋糕體才會有細緻綿密的口感。

6

打成柔軟綿密、細緻濃稠的質地即可。具有適當的流動感,以打蛋器舀起後也會滑順地滴落。混合完成後的理想溫度為21至22℃。視質地情況,若需要可再以低速多攪拌1分鐘。

7

將步驟**6**的材料倒入調理盆,加入已事先過篩的低筋麵粉,以矽膠刮刀俐落地切拌混合均勻。

8

粉末完全混拌均勻後,以單手轉動調理盆,另一隻手以矽膠刮刀由盆底向上翻舀混合。攪拌次數可以依個人喜好調整,次數少,蛋糕體的口感較為輕盈;次數多,則會產生較多筋性而使口感變得扎實。

9

加入溫熱至約60℃的融化奶油。奶油不要全倒在一處,而是以矽膠刮刀盛接,先將奶油倒在抹刀上後,再均勻地分布在調理盆內。接著同步驟**8**,轉動調理盆的同時,從盆底向上翻舀混合,只要奶油均勻分散即可。將麵糊倒入模型內,放入上火180℃・下火170℃的平窯烤箱中烘烤25至30分鐘即完成。

Pâte sucrée aux amandes

····

杏仁甜派皮

這款麵糰帶有甜味、口感酥脆,主要用於各式塔派的派底。在回至室溫的奶油裡,依序加入砂糖、雞蛋、麵粉,但為了保有酥脆的口感,製作時麵糰不要過度攪拌。可以杏仁粉取代一部分的麵粉,提升風味的同時美味度也更上層樓。

材料（ 基本配方‧成品分量約800g ）

發酵奶油《beurre》…210g
糖粉《sucre glace》…132g
鹽《sel》…1.5g
全蛋《œufs entiers》…60g
香草莢《gousse de vanille》…4/5根
低筋麵粉《farine de blé tendre》…340g
杏仁粉《amandes en poudre》…54g

1

奶油回至室溫，切成便於操作的大小後，放入調理盆內，盆底直接接觸微弱的爐火（或事先以微波爐加熱）軟化至成容易攪拌的硬度。

2

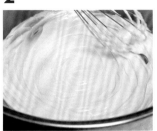

取打蛋器和盆底呈垂直角度，由上往下敲擊，將全部的奶油調整成相同軟硬度後，便開始仔細拌揉混合。攪拌至出現光澤如美奶滋的稠度。

3

加入糖粉和鹽，以打蛋器磨擦混合。到此步驟為止，都可使用電動攪拌機操作，但在安食雄二甜點店裡，即便是準備營業使用的大分量，這個步驟之後也一定是全手工操作。安食主廚表示如果使用電動攪拌機，會打入過多的空氣。

4

另取一個調理盆，打入全蛋，加入從香草莢內取出的香草籽，大致拌勻。材料列表內的香草莢分量為參考值，請依個人喜好增減。

5

將步驟**4**的材料分成4至5次，加入步驟**3**的調理盆內。每次加入後，都要徹底攪拌均勻，才能再倒入。雖然一開始的質地較稀，但隨著雞蛋的分量增加，會慢慢變得扎實。

6

加入篩過的低筋麵粉，接著加入杏仁粉。製作較大分量時，可以先把麵粉和杏仁粉混合後，一併加入。

7

以矽膠刮刀攪拌混合至粉末完全消失為止。

8

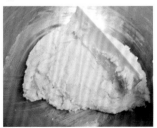

混合完成後的樣貌。

9

在淺烤盤裡鋪上OPP膜後，放上麵糰，灑上手粉，將麵糰壓成厚度平均的四方形。加上一層OPP膜，以手掌輕壓調整最後的形狀及厚度後，直接放入冰箱冷藏，靜置一晚即完成。

基本麵糰・奶油醬／杏仁甜派皮

Pâte à choux

....

泡芙麵糊

如同法文原名裡的Choux（高麗菜），泡芙的形狀就是圓圓胖胖，最大的特色是外皮帶有龜裂的樣貌。這是因為麵糰內所含的水分遇熱後蒸發，從麵糰裡向外擴張時把表皮撐開所形成。想要泡芙膨脹得好看，就必需揉出充滿黏性的麵糰，因此在把麵粉加入鍋中之前，先煮沸鍋內的牛奶，讓麵粉完全加熱是關鍵。

材料（ 基本配方・直徑約4.5cm・20個 ）

牛奶《lait》…337g
細砂糖
《sucre semoule》…6.7g
鹽《sel》…6g
發酵奶油《beurre》…144g
低筋麵粉《farine de blé tendre》
…96g

高筋麵粉《farine de blé dur》…96g
全蛋《œufs entiers》…350g
蛋白《blancs d'œufs》…88g

1

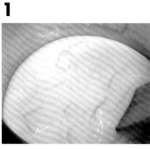

鍋裡放入牛奶、細砂糖、鹽、奶油，以大火煮至沸騰。

2

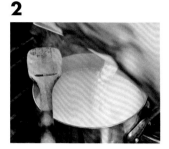

鍋內沸騰瞬間即可熄火，倒入已事先混合過篩的低筋麵粉與高筋麵粉，以木杓攪拌混合，使液體和粉類完全結合。

3

待粉末已完全消失後，再次開小火加熱，以木杓持續切拌1分鐘。

4

漸漸地麵糊會收縮變得緊實，最後變成餅狀。待粉類完全加熱、麵糊產生充分的黏性後，即可熄火。

5

調理盆內放入全蛋及蛋白，打散成蛋液，之後少量多次倒入步驟4的調理盆內，同時拌勻。

6

每次加入蛋液時，都要以木杓切拌混合均勻。待蛋液用掉8成後，即可準備下個動作。

7

待麵糊完全融合成一體後，倒入調理盆內，繼續加入蛋液，同時以木杓攪拌，把空氣拌進麵糊內。

8

所有蛋液都和麵糊混合即可。麵糊的稠度是以木杓舀起後，會緩慢落下的狀態。

9

最後把工具更換成矽膠刮刀，揉拌麵糊。清除較大的氣泡使整體質地更為均勻即完成。

Biscuit Joconde

····

杏仁海綿蛋糕

採用分蛋打發法所作成的杏仁海綿蛋糕，由於麵糊內混合打至全發的蛋白霜，因此口感特別彈牙但又清爽。使用杏仁粉替代麵粉，蛋糕體本身就有著杏仁的香氣，就算搭配上濃郁的鮮奶油，也不會被搶走風采，仍然相當具有存在感。

材料（基本配方·38.5cm×27.5cm的烤盤2片分）

糖粉《sucre glace》…96g
杏仁粉
《amandes en poudre》…192g
杏仁膏
《pâte d'amandes crue》…50g
全蛋《œufs entiers》…160g
蛋黃《jaunes d'œufs》…100g

蛋白霜《meringue française》
┌ 蛋白《blancs d'œufs》…354g
│ 乾燥蛋白粉《blancs d'œufs séchés》…3g
└ 細砂糖《sucre semoule》…181g
低筋麵粉《farine de blé tendre》…154g
融化奶油《beurre fondu》…60g

1

將糖粉及杏仁粉倒入食物調理機內。

2

杏仁膏剝成小塊，放入調理機內但不要重疊，然後啟動調理機整體快速攪拌5秒。

3

調理盆裡放入全蛋及蛋黃，以打蛋器均勻打散，將蛋液分成數次加入步驟**2**的調理盆內。第一次加入後以調理機攪拌約20秒，讓所有材料均勻混合。

4

從第二次加入蛋液開始，為了避免摩擦加熱，每次加入蛋液後都以調理機攪拌5至6秒。沾黏於盆邊的麵糊，以矽膠刮刀撥回盆內。每次加入蛋液時麵糊會呈現偏水狀，但最後會轉變成富有黏性的濃稠狀。

5

同時進行蛋白霜的製作（參照p.34）。取一小匙蛋白霜，加入已移至調理盆的步驟**4**麵糊內。蛋白霜在加進麵糊之前，請先以打蛋器輕輕混拌一下，使質地更為均勻。

6

單手轉動調理盆，另一手持矽膠抹刀，斜斜插入盆底向上翻舀材料，混合均勻。

7

加入剩下蛋白霜的一半分量，單手轉動調理盆，切拌混合均勻。

8

一口氣倒入已事先過篩的低筋麵粉，同樣切拌混合均勻，最後加入剩下的蛋白霜，再以同樣手法拌勻。

9

倒入加熱至約60℃的奶油後，切拌混合均勻。將麵糊倒入烤盤內，放入上火・下火皆為200℃的平窯烤箱中，烘烤18至20分鐘即完成。

基本麵糰・奶油醬／杏仁海綿蛋糕

Biscuit aux amandes et chocolat

····

杏仁巧克力海綿蛋糕

在安食雄二甜點店裡所使用的巧克力口味蛋糕體，有混入可可粉，以及混入融化巧克力兩種作法。杏仁巧克力海綿蛋糕，是在使用了杏仁膏的麵糰裡，加入可可粉作成。有著鬆軟柔細的輕盈口感，經常使用於各式蛋糕之中。

材料（基本配方·38.5cm×27.5cm的烤盤2個分）

全蛋A《œufs entiers》…750g
細砂糖
《sucre semoule》…480g
乾燥蛋白粉
《blancs d'œufs séchés》…16g
杏仁膏
《pâte d'amandes crue》…375g

全蛋B《œufs entiers》…375g
低筋麵粉《farine de blé tendre》…450g
可可粉《cacao en poudre》…50g
融化奶油
《beurre fondu》…225g

作法

1

在攪拌機的鋼盆裡放入全蛋A，以打蛋器輕輕攪拌混勻。

2

取另一調理盆，並於盆中混合細砂糖及乾燥蛋白粉，再倒入步驟**1**的鋼盆內，以打蛋器仔細混合拌勻。

3

把攪拌機的鋼盆直接在爐火上加熱，同時以打蛋器攪拌。溫度到達30℃左右即可熄火，將鋼盆架回攪拌機上。

4

先以高速攪拌5分鐘，打出膨鬆的氣泡後，再以中速攪拌3分鐘，之後以低速攪拌3分鐘，逐漸地讓氣泡變得綿密且均勻。

5

另於食物調理機裡放入剁碎的杏仁膏，把全蛋B少量多次倒入，一邊攪拌至柔軟滑順的狀態。

6

將步驟**4**的材料倒入調理盆內，加入步驟**5**的材料，並以矽膠刮刀仔細混合拌勻。

7

加入事先已混合並過篩的低筋麵粉及可可粉，仔細攪拌至粉末完全消失為止。

8

以矽膠刮刀盛接加熱至60℃左右的奶油，均勻分布在麵糊上，然後徹底攪拌、混合均勻。

9

將步驟**8**的材料倒入已鋪上烘焙紙的烤盤內，以刮板整平表面，放入上火・下火皆為170℃的平窯烤箱中，烘烤約40分鐘即完成。

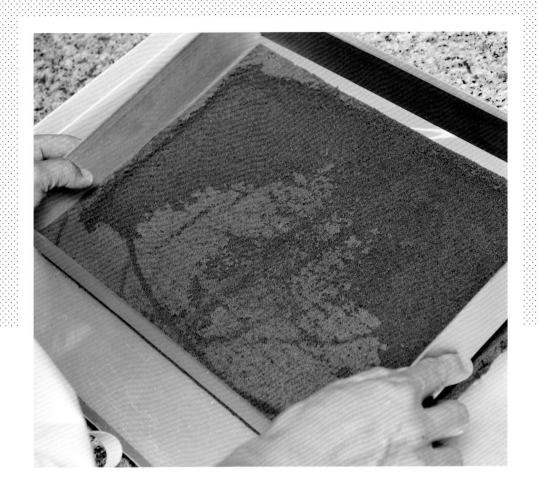

Biscuit Sacher

....

薩赫蛋糕

薩赫（沙河）蛋糕音譯自德語，法語發音則為「薩榭」。麵糊裡混合了隔水加熱融化的巧克力，最大特色就是濃郁的巧克力香味，以及滋潤豐厚的口感。蛋白霜則分成兩次混入麵糊，第一次是為了讓麵糊變得鬆馳、容易攪拌，氣泡在混合過程中略為消失也較為無妨，但第二次就要盡量保持氣泡，因此以切拌的方式混合。

材料（ 基本配方・37cm×27cm 的方形慕絲圈2個分 ）

蛋白霜《meringue française》
 ┌ 細砂糖《sucre semoule》…228g
 └ 蛋白《blancs d'œufs》…337g
黑巧克力
（OPERA「Legato」・可可成分 57%）
《chocolat noir 57% de cacao》
…382g

鮮奶油（乳脂含量35%）
《crème fleurette 35% MG》…154g
發酵奶油《beurre》…77g
蛋黃《jaunes d'œufs》…382g
低筋麵粉《farine de blé tendre》…67g
可可粉《cacao en poudre》…114g

作法

1

製作蛋白霜（參照p.34）：不必打出全發結實的蛋白霜，只要打至整體均勻，以攪拌頭舀起後端尖端柔軟有彈性的狀態即可。

2

等待攪拌機打發蛋白霜的期間，將巧克力剝碎後放入調理盆內，隔水加熱融化。

3

在步驟**2**隔水加熱巧克力時，一邊將鮮奶油及奶油放入另一個鍋內加熱，直到奶油融化，溫度約為50至60℃。

4

另取一個調理盆，放入蛋黃，盆底以微弱小火加熱，同時以打蛋器將蛋打散，加熱直到30℃。

5

待步驟**2**的巧克力完全融化後，保持隔水加熱的狀態，倒入步驟**4**的溫熱蛋黃，以打蛋器大致拌勻，再加入步驟**3**已融化奶油的鮮奶油，整體攪拌混合均勻。最理想的狀態是這個步驟完成時，蛋白霜也差不多攪拌完成。

6

將步驟**1**蛋白霜的一半分量倒入步驟**5**的調理盆內，以矽膠刮刀從盆底向上翻舀，完全混合均勻。

7

將已經混合過篩的低筋麵粉、可可粉，加入步驟**6**的調理盆內。單手轉動調理盆，另一手以矽膠刮刀切拌均勻。

8

加入剩下的蛋白霜，同樣以矽膠刮刀以切拌的手法拌勻。蛋白霜在加入前，要以手持打蛋器再次攪拌，確保質地平均。

9

在鋪好烘烤紙的烤盤內，放上方形慕絲圈，倒入步驟**8**，再以刮板整平表面。放入上火・下火皆175℃的平窯烤箱中，烘烤30分鐘左右即可。

Pâte feuilletée

· · · ·

酥皮麵糰

酥皮麵糰的輕薄層次，是將包入奶油的麵糰經過無數次折疊擀平後產生。經由擀平、折疊的動作，奶油會變得柔軟，而麵糰則因為麩質的作用而變得有彈性。在安食雄二甜點店內，麵糰包入奶油後會靜置一晚，折疊（3層折疊共6次）的手續總共花費三天，作足準備讓麵糰完全鬆馳。

材料（1pâton*分）

高筋麵粉《farine de blé dur》
…1000g
發酵奶油《beurre》…100g
牛奶《lait》…225g
水《eau》…250g
細砂糖
《sucre semoule》…20g

鹽《sel》…22g
發酵奶油（摺疊用）
《beurre pour tourage》…800g

*1 pâton 為使用800g折疊奶油製作的麵糰分量，約能作成60cm×40cm、2mm厚的派皮四片。

作法

1

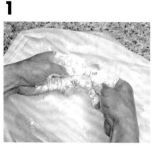

把仔細測量過後，以塑膠袋裝起冷藏的高筋麵粉，和同樣經過冷藏的奶油，以雙手搓均混合（搓成奶酥狀）。在塑膠袋裡進行，麵粉就不會灑出，作業臺也可以保持乾淨。

2

調理盆裡放入牛奶與水，加入細砂糖、鹽，仔細混合均勻。把步驟**1**的材料放在作業臺上，作成中央凹陷、周圍較高的池子狀。將調理盆內的液體倒在中央凹陷處，然後慢慢將周圍的麵粉與奶油向中間混合，與液體融合成一體。

3

以雙手快速俐落地攪拌，預防產生筋性。待液體、麵粉、奶油都混合得差不多後，再以刮板切拌混合。最後以雙手摩擦麵糰，讓麵粉、奶油都能完整吸收液體，再進行整形。

4

將麵糰整成一團，以雙手下壓的方式在作業臺上推整。不是揉麵，而是從上往下壓推麵糰。最終完成的麵糰，呈現手指按下後會反彈至原狀的狀態即可。

5

在麵糰上割出十字開口，以保鮮袋包覆後，冷藏靜置一天（24小時）。

6

冷卻後的奶油（中心溫度5.5℃最佳）以OPP保護膜包覆起來，以擀麵棍拍打壓平，攤平後折起，再次拍打成扁平。重複這個動作直到奶油的硬度平均之後，整形成正方形。

7

靜置一天後的麵糰，沿著十字切口推展開來，整成正方形。擺上步驟**6**的奶油（四個角錯開）。沒有重疊到奶油部分的麵糰，以擀麵棍擀成與奶油相同大小的正方形，然後折疊包覆到奶油上。放入冰箱冷藏30分鐘至1小時左右。

8

把步驟**7**的麵糰放入反轉派皮機（Reverse Sheeter）內數次，厚度調整成6mm。左右兩側平均地向中間折疊成3折，裝入保鮮袋內，冷藏靜置一晚。

9

隔天早晨從冰箱內取出麵糰，方向轉90度後再次放入反轉派皮機內，和步驟**8**一樣折成3折。總共會折疊6次，由於每次折完後都要讓麵糰充分休息，所以在安食雄二甜點店裡是每天早晚各1次、持續三天以完成這項準備工作。

Crème pâtissière

····

卡士達醬

甜點製作時絕對不可或缺的卡士達醬，不但可以直接使用，也能和鮮奶油、各式奶油醬混合，是一道使用範圍相當廣泛的奶油醬。這裡所介紹的是充滿濃郁香草香味，安食雄二甜點店特製的「基本卡士達醬」。除了這個口味之外，店裡也會準備另一款較為強調雞蛋香氣的卡士達醬（參照p.64）。

材料（基本配方・便於操作的分量）

香草莢《gousse de vanille》…1根
鮮奶油（乳脂含量40%）
《crème fraîche 40% MG》…100g
牛奶《lait》…900g
細砂糖《sucre semoule》…200g
蛋黃《jaunes d' œufs》…300g

低筋麵粉《farine de blé tendre》…30g
米粉《farine de riz》…30g
發酵奶油 《beurre》…50g

1

香草莢縱向剖開，以小刀取出莢內的香草籽，把莢連同籽一起浸泡於鮮奶油之中6小時。在銅盆裡放入牛奶、1/3分量的細砂糖、鮮奶油、香草莢，在爐火上加熱。

2

另取一個調理盆，放入蛋黃及剩下的細砂糖，以打蛋器磨擦盆底攪拌。

3

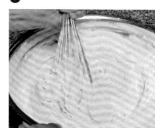

待步驟**2**材料顏色開始轉白後，加入已事先混合過篩的低筋麵粉和米粉。攪拌混合至粉末完全消失，整體呈現柔軟滑順的狀態。

4

步驟**1**的材料沸騰後，取出香草莢，將一半分量倒入步驟**3**的調理盆內，混合好後再倒回銅盆內。

5

以大火加熱步驟**4**的材料，以打蛋器用力攪拌混合，增加黏性。剛開始加熱時很容易燒焦，所以一定要磨擦到鍋底、動作快速俐落地攪拌。

6

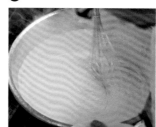

漸漸地材料會產生黏性、質地變得沉重，空氣從底部開始冒出表面而發出啵啵聲。繼續攪拌下去反而會破壞質地，所以攪拌力道可以放輕，到這個步驟就差不多完成了。整體質地呈現柔軟滑順且有光澤感後，即可熄火。

7

在步驟**6**的材料裡加入奶油，快速攪拌均勻。

8

步驟**7**以篩網過濾，倒入調理盆裡。

9

盆底浸入冰水，使溫度迅速降至10℃以下。倒入烤盤內，上面以保鮮膜緊貼覆蓋。散熱後放入冰箱冷藏，靜置一晚後即完成。

Crème anglaise

····

英式蛋黃醬

使用牛奶或鮮奶油，混合砂糖後以爐火加熱至沸騰，再加入蛋黃變得香濃的英式蛋黃醬，是用於慕絲或慕絲夾心等處的基本材料。安食雄二甜點店的英式蛋黃醬，會在牛奶裡添加紅茶、抹茶或香料，增添氣味後再用於各式甜點。使用在慕絲裡時會加入吉利丁，完全融化後再置涼散熱。

材料（ 基本配方・便於操作的分量 ）

牛奶《lait》…275g
鮮奶油A（乳脂含量45%）
《crème fraîche 45% MG》…60g
細砂糖《sucre semoule》…30g
蛋黃（加糖20%）《jaunes d'œufs》…112g
鮮奶油B（乳脂含量45%）《crème fraîche 45% MG》…180g

作法

1

鍋裡放入牛奶、鮮奶油A、細砂糖，以中火加熱。

2

調理盆裡打入蛋黃，打散成蛋液。步驟**1**的牛奶煮沸後，倒入1/3分量至調理盆內，輕輕拌勻後，再倒回鍋內。

3

鍋子再次以爐火加熱，以木杓不停攪拌的同時，加熱至80至82℃（雞蛋不至於凝固的溫度）。加熱完成後會有適度的黏稠度，以手指劃過木杓會留下痕跡的程度。

4

熄火後為了不讓鍋子的餘溫繼續加熱蛋液，先將鍋底浸泡於冷水中降溫。降至70℃左右大致上就可以了，但因為鍋子內的溫度不見得平均，所以最好降至55℃最為保險。

5

把鍋底浸入冰水，降溫至30℃。降溫時，鍋底先浸泡冷水稍微降溫，再浸入冰水徹底冷卻，是安食主廚的作法。

6

加入鮮奶油B，拌勻後過篩，倒入調理盆內，放入冰箱冷藏即完成。安食雄二甜點店的英式蛋黃醬使用量較大，會一次準備需要的量後統一冷藏保存。

Crème d'amandes
····
杏仁奶油

用來填滿水果塔的杏仁奶油，是以奶油、糖粉、雞蛋及杏仁粉以幾乎1：1：1：1的比例所調拌的，再加入香草增添香氣。製作完成後在冰箱冷藏靜置一晚，可使所有材料完全融合，也讓杏仁香味更加明顯。使用前務必提前於室溫下回溫，再以木杓輕拌調整成方便舀取的軟硬度。

材料（ 基本配方・便於操作的分量 ）

發酵奶油《beurre》…300g
糖粉《sucre glace》…300g
全蛋《œufs entiers》…260g

香草莢《gousse de vanille》…1/4根
杏仁粉《amandes en poudre》…300g

作法

1

奶油回至室溫，視需要以微波爐稍微溫熱，調整成方便使用的軟硬度，以手指輕壓會留下痕跡的程度為佳。放入調理盆內，以打蛋器攪拌成美奶滋狀。

2

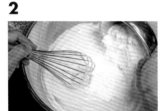

加入糖粉，以打蛋器磨擦盆底攪拌，混合均勻。

3

另取一個調理盆，打入全蛋後加入香草籽，再以打蛋器攪拌混合，之後分成數次加入步驟**2**的調理盆內。由於雞蛋分量比奶油多，所以每次加入少許蛋液的同時仔細攪拌均勻。

4

把杏仁粉加入步驟**3**的材料內。

5

以矽膠刮刀切拌均勻。

6

待粉末完全消失後，以保鮮膜覆蓋，放入冰箱冷藏一晚完成。藉由靜置的過程，杏仁奶油整體味道會更均勻，同時多餘的空氣也會排除，使質地更濃稠。使用時先回至室溫，再輕拌調整成方便舀取的軟硬度。

Meringue française

....

蛋白霜

蛋白裡加入砂糖後打發成為蛋白霜，能夠幫助蛋糕體膨脹，也能讓慕絲的口感更為滑順。砂糖吸收了水分，有助於氣泡的穩定，但相對不容易打發起泡，所以砂糖要分成數次加入。若想打出甜度低但緊實的蛋白霜，只要先把砂糖跟蛋白混合好後冷凍，解凍後再打發即可。

材料（分量參照各甜點食譜）

細砂糖《sucre semoule》　　　乾燥蛋白粉《blancs d'œufs séchés》　　　蛋白《blancs d'œufs》

作法

1

調理盆內倒入一半分量的細砂糖及乾燥蛋白粉，以打蛋器輕拌混勻後，加入已裝有蛋白的電動攪拌機鋼盆內，以高速打發。

2

待整體打發出膨鬆的氣泡後，攪拌機轉為中速，再加入剩下的細砂糖一半分量，繼續攪拌。在打發蛋白的過程中，為了讓整體質地均勻，可視情況停下機器，把沾黏在鋼盆內側的蛋白以矽膠刮刀撥回盆內。

3

最後加入剩下的細砂糖，繼續以中速攪拌，直到打出尖角挺立、氣泡細緻，質地緊實的蛋白霜就完成了。

砂糖量較少時

1

調理盆裡放入細砂糖及乾燥蛋白粉，以打蛋器仔細攪拌均勻。蛋白先倒入少許進調理盆內，混合均勻後，再把剩下的蛋白分成數次加入，每次加入都以打蛋器仔細拌勻。

2

把步驟**1**的材料放入保鮮袋內，冷凍保存。使用前先放入冷藏室，慢慢解凍。

3

步驟**2**的材料放入電動攪拌機鋼盆內，依序以高速、中速進行攪拌，打出富有光澤、氣泡穩定、柔韌有彈性的蛋白霜。倒入調理盆內，以打蛋器繼續手動打發，直到整體質地細緻均勻即完成。

Meringue italienne

....

義式蛋白霜

打發蛋白的同時，加入近蛋白2倍的以砂糖和水所煮出來的糖漿，最後打成的便是義式蛋白霜。富有光澤、黏性適中且具有彈性。如同席布斯特醬（參照p.74），為了保持口感的輕盈而混入奶油醬。由於保持形狀的特性極佳，可以維持穩定的外形，也經常使用在甜點的裝飾上。

材料（ 分量參照各甜點食譜 ）

細砂糖《sucre semoule》　　　　水《eau》　　　蛋白《blancs d'œufs》

作法

1

鍋裡放入細砂糖與水，以爐火加熱至115至118℃左右，作成糖漿。

2

蛋白放入電動攪拌機的鋼盆內，以高速攪拌打發。

3

待蛋白打發至一定程度後，沿著鋼盆邊緣以穩定的速度倒入糖漿。機器轉中速，持續攪拌直到完成緊實細緻的蛋白霜為止。成品應該是充滿光澤、質地緊實立體，撈起時呈現挺直的針尖狀。

Praline aux noisettes

····

焦糖榛果

耗時一小時以上攪拌堅果及砂糖，同時以小火慢慢加熱所完成的店內自製堅果醬。如同燻製般，堅果經過烘烤後的香氣滲進糖漿裡，而香氣馥郁的糖漿就這樣一層又一層地把堅果包裹起來。充滿濃濃香氣的堅果醬，可以作成抹醬，可以敲碎，甚至可以直接使用完整顆粒。是在營造口感和口味上變化時的重要配角。

材料（ 基本配方・便於操作的分量 ）

細砂糖《sucre semoule》…420g
水《eau》…100g
榛果《noisettes》…700g

作法

1

銅盆裡放入細砂糖與水，以爐火加熱至115至118℃成糖漿狀後，倒入榛果。（榛果事先以180℃的烤箱烘烤30至40分鐘。）

2

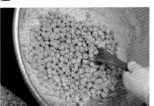

在最初的2至3分鐘，以木杓仔細攪拌，確定每顆榛果都均勻沾覆上糖漿，爐火從頭到尾保持小火。原本呈透明狀的糖漿，會漸漸因水分蒸發而使砂糖呈結晶狀。

3

在緩慢的攪拌過程裡，鍋內的材料也會變成咖啡色。過了30至35分鐘後，顏色開始轉變成淡淡的土黃色。

4

持續攪拌至砂糖的結晶體消失、整體變成焦糖狀。當榛果全部裹上一層深棕色的焦糖外衣、以木杓舀起焦糖會呈塊狀落下的狀態時，即可熄火。

5

從開始攪拌到熄火，總共約花費1小時又10分鐘。把焦糖榛果在烘焙墊上攤平（不要重疊），趁熱把榛果盡量一顆一顆地分開。

6

最終的成品應該要連中心部位都呈現焦黃色，口味則是堅果香氣更勝於焦糖滋味。冷卻後周圍的焦糖會變硬，口感則轉為脆硬。

Compote de fruits rouges

....

燉莓果

店內自製的燉紅莓，果肉可以和慕絲混合，果汁可以刷在蛋糕體上，可應用想要增加多一點風味，或想在口味上作出層次變化時。作法就是在冷凍莓果上灑上砂糖等待脫水，再加入檸檬汁煮至濃縮即可。成品裡的水分全部是來自於莓果，因此充滿了新鮮風味。

材料（ 基本配方‧便於操作的分量 ）

Senga Sengana草莓（冷凍）
《fraises surgelées‧senga sengana》…1000g
覆盆子（冷凍）《framboises surgelées》…500g

野草莓（冷凍）《fraises des bois surgelées》…500g
細砂糖《sucre semoule》…600g
檸檬汁《jus de citron》…80g
吉利丁《feuilles de gélatine》…10g

作法

1

調理盆裡放入冷凍的草莓（使用品種為Senga Sengana）、覆盆子、野草莓，灑上細砂糖，於室溫下靜置約半天脫水。

2

經過5小時後，果實出水的狀態。

3

以濾網將果實與果汁分開。

4

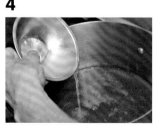

將果汁放入調理盆內，加入檸檬汁，煮至沸騰。

5

果汁沸騰後倒入果肉，再次煮至沸騰後熄火。

6

把步驟**5**的果肉倒入調理盆內，放入事先以分量外的水泡軟的吉利丁，混合均勻。盆底浸入冰水，以矽膠刮刀攪拌混合，降溫至15℃以下後，裝入容器內放入冰箱冷藏保存。

SHWCASE

......

小蛋糕展示櫃

for "Petits Gâteaux"
〔 小蛋糕展示櫃 〕

草莓蛋糕或泡芙這類深受喜愛的點心，還有以時令水果點綴的水果塔，再加上造形獨特的原創甜點……總共有30款不同種類的小蛋糕，在這個特別訂製的展示櫃中等待著顧客。聖多諾黑泡芙塔、席布斯特，在這類經典的甜點中以不破壞原味的手法，適當地加入獨家滋味，正是安食主廚的個人風格。

シャインマスカットの
軍艦巻き

確かしまでご食べられる
シャインマスカットたっぷり！

750 YEN (税込)

Miwa
美和

バニラムースの中に甘酸味の苺を潜ませた
クリーム。周囲を華やかにデコレーション
しました。ビスキュイ。

520 YEN (税込)

カシスとイチジクのリンツァー

苺酸味のリンツァートルテを配味した、
濃厚な味わいのタルト。
シナモン風味のアーモンドクリーム

540 YEN (税込)

Noisette banane et café
ノワゼット バナーヌ エ カフェ

焼き菓子の風味をいかしたバナナと
コーヒーのムースを入れた、まろやかな
香ばしいアーモンド
オーピルリームとエスプレッソ

520 YEN (税込)

ベイクドチーズと
果実のタルトのマリアージュ

クリームの風味がとけ込んだベイクド
チーズケーキ。土台はフレッシュな
果実を焼き込んだタルト
紅茶を焼き込んだセミカル

580 YEN (税込)

Grenoblois
グルノブロワ

グラニューペーストと生クリームの
さっくりした食感が楽しい。
くるみのコクある生クリーム
デコ

480 YEN (税込)

タルト
キャラ

季節～ロリ味
抹茶とエ

Standard-Pudding
スタンダードプリン

卵の風味を生かし昔ながらのスタンダードプリン
昔ながらのスタンダードプリン

260 YEN (税込)

Premium-Pudding
プレミアムプリン

北海道産純生クリーム濃厚風味
コクのある濃厚なプリン

290 YEN (税込)

JERSEY Pudding
ジャージープリン

なめらかジャージー牛乳を使用したプリン

290 YEN (税込)

ont-Blanc
モンブラン

マロンペーストと生クリーム
モ

520 YEN (税込)

Saint-Honore TONKA
サントノレ トンカ

何年越しのシブー、カスタードの
サクサクした食感がたまらない
ぷり甘くせになるカスタード

490 YEN (税込)

Eclair café
エクレール カフェ

コーヒー風味のカスタードクリーム

330 YEN (税込)

シュークリーム食べ比べ～

I want to eat a Choux cream!

サクサクシューシューの食べ比べ
シュークリーム

Choux à la Creme
シュー・ア・ラ・クレーム

シューア・ラ・クレーム
カスタード使用のクリーム

290 YEN (税込)

Fraise
フレーズ

甘酸っぱい苺を使った

520

CHAPTER

②

standard

安食雄二甜點店的定番款甜點

即使是最經典的甜點，都能夠加入獨特的變化而成為安食風格。

珍惜維持著傳統美味的同時，仔細品味食材的特色，

作法上有著自己的堅持，最終完成新穎現代的甜點，

這就是安食雄二甜點店獨有的商品精神。

基本的甜點也
很好吃！

安食雄二甜點店的定番款甜點 ／ 草莓鮮奶油蛋糕

Fraise

. . . .

草莓鮮奶油蛋糕

進入這個行業後，只要遇到家人的生日，安食主廚便會親自製作祝賀用的蛋糕，口味始終都是草莓鮮奶油蛋糕，顯示出安食主廚對這款蛋糕的堅持與熱愛。雖然是店內的定番口味，但為了建立屬於自己的個人風格，而不斷地嘗試，至今仍然覺得「每次製作的時候，都不禁感到這真是一道永遠學不完的深奧蛋糕啊！」一般來說，海綿蛋糕體的配方比例為100%全蛋配上50%細砂糖，但安食主廚的作法是90%全蛋＋10%蛋黃，配上69%細砂糖。這是考慮各種食材的特性，並加上多年經驗累積之下所誕生的「安食式黃金比例」，為了讓配方產生最好的效果，如何混合食材、攪拌的速度與時間等等，配方以外的細節也需要仔細控管才行。尤其是會影響成品品質的攪拌過程和溫度控制，都需要格外注意。

材料（ 直徑18cm和15cm的圓形烤模各1個分 ）

海綿蛋糕
Pâte à génoise

全蛋《œufs entiers》…270g
蛋黃《jaunes d' œufs》…30g
細砂糖《sucre semoule》…207g
低筋麵粉《farine de blé tendre》…150g
融化奶油《beurre fondu》…60g

卡士達醬
Crème pâtissière

香草莢《gousse de vanille》…1/5根
鮮奶油（乳脂含量40%）
《crème fraîche 40% MG》…20g
牛奶《lait》…180g
細砂糖《sucre semoule》…40g
蛋黃《jaunes d'œufs》…60g
低筋麵粉《farine de blé tendre》…6g
米粉《farine de riz》…6g
發酵奶油《beurre》…10g

組合・裝飾
Montage, Décoration

打發鮮奶油《crème chantilly》
…以下表的分量製作，取使用適量
┌ 鮮奶油A（乳脂含量36%）
　《crème fleurette 36% MG》…300g
　鮮奶油B（乳脂含量42%）
　《crème fraîche 42% MG》…300g
└ 細砂糖《sucre semoule》…60g
外交官奶油醬《crème diplomate》
┌ 打發鮮奶油《crème chantilly》…40g
└ 卡士達醬《crème pâtissière》…40g
草莓《fraises》…2盒
糖粉《sucre glace》…適量

作法

海綿蛋糕
Pâte à génoise

❶ 麵糊的作法參照p.16。在圓形烤模的底面與側面鋪上烘焙紙，倒入麵糊至8分滿。將模型底部於作業臺輕摔2至3次排出空氣後，放入平窯烤箱內。

❷ 使用上火180℃、下火170℃的平窯烤箱，5號烤模（直徑15cm）約烤25分鐘，6號烤模（直徑18cm）約烤27分鐘。

❸ 從烤箱內取出後，將模型從約20cm高度的位置落下，以用力撞擊底部，然後立刻上下翻轉，表面朝下，在木製麵包箱內取出蛋糕體。

❹ 靜置約30秒後，再次上下翻轉，將沾有烘焙紙的一面朝下放置。剛出爐時膨脹的表面已經變得緊實，幾乎扁平了。保持這個狀態靜置一陣子，等待散熱。

❺ 待蛋糕體已經徹底冷卻後，撕去烘焙紙，再次上下翻轉，切去底面因烘烤而上色的部分，約1cm高。

❻ 將步驟⑤的蛋糕切面朝下，接著將剩下的蛋糕體切片。從下往上，1.5cm厚度切2片，1cm厚切1片，剩下的可放置一旁備用。

卡士達醬
Crème pâtissière

作法參照p.30。前一天預先準備好，放入冰箱冷藏靜置一個晚上。

組合・裝飾
Montage, Décoration

❶ 製作打發鮮奶油：於電動攪拌機的鋼盆內放入兩種鮮奶油與細砂糖，以低速打發，至撈起後滴落的鮮奶油能在盆裡劃出線條的程度。這時的鮮奶油溫度應為10至14℃。放入冰箱冷藏，使溫度降至5至6℃。接著取出40g冷卻後的打發鮮奶油，放入另一個調理盆內，盆底浸入冰水，同時以打蛋器攪拌，直到即將油水分離的狀態。

❷ 從冰箱取出已冷藏靜置一晚的卡士達醬，放入調理盆內，以木杓輕輕攪拌成容易操作的軟硬度。然後取40g和步驟❶的打發鮮奶油混合，完成外交官奶油醬。

❸ 在1.5cm厚的海綿蛋糕基底上，以抹刀塗上步驟❷的外交官奶油醬，厚度為5至6mm。直徑18cm的蛋糕基底需要40g的外交官奶油醬，15cm的則需要35g左右。

❹ 在步驟❸的上方，疊上一片同尺寸，厚度1cm的海綿蛋糕。

❺ 接著準備草莓，將夾心用的草莓切去蒂頭後，再對半切開。

❻ 將步驟❶的打發鮮奶油從冰箱中取出，2/5作為夾心用，3/5作為外層塗抹使用。外層用的鮮奶油先放回冰箱，夾心用的鮮奶油則打發至挺立尖角狀。在步驟❹的蛋糕上以抹刀均勻塗抹夾心用的鮮奶油，厚度為5至6mm。

❼ 夾心用的草莓排列在步驟❻的蛋糕上。切去蒂頭的面朝外，對半切開的剖面朝下，從外圈向內圈排列。

❽ 步驟❼的蛋糕上塗抹夾心用的鮮奶油，以抹刀將鮮奶油均勻推開，直到完全覆蓋住草莓後，整平表面。打發鮮奶油的厚度不超過2cm。

❾ 蓋上一片同尺寸1.5cm厚的海綿蛋糕，輕輕下壓固定，從側面溢出的鮮奶油抹平即可。抹刀採垂直方向，沿側面抹一圈，不但能抹平多出來的鮮奶油，也可作為下個步驟外層鮮奶油的基底。

❿ 從冰箱內取出剩下外層塗抹用的鮮奶油，盆底浸入冰水，打發至尖端呈彎鉤狀的程度。把步驟❾的蛋糕放在旋轉台上，取2/3分量的外層用打發鮮奶油，置於表面，從中央向外塗抹推開。掉到側面的鮮奶油，就以垂直方向的抹刀配合旋轉台轉動，塗抹均勻。視需要補充鮮奶油，務必使表面及側面的鮮奶油皆平整。塗抹完畢後的表面及側面鮮奶油厚度應為6至7mm。以篩網在表面灑上糖粉，以1.2cm的星形花嘴擠上打發鮮奶油後，再以草莓裝飾即完成。

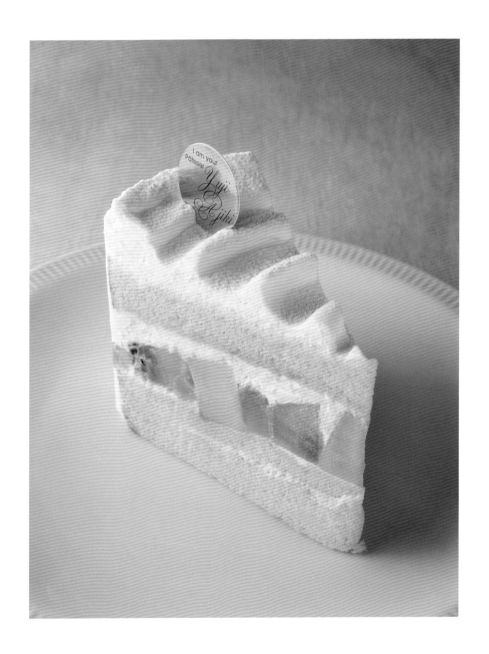

Tropical Shortcake

〔 **熱帶水果鮮奶油蛋糕** 〕

這是一款夾入成熟的芒果、黃金奇異果及香蕉的水果鮮奶油蛋糕,為夏季限定。除了水果的種類之外,其他作法都和「草莓鮮奶油蛋糕」(參照p.41)相同,主要使用清爽的海綿蛋糕及打發鮮奶油,中間夾了一層似有若無的外交官奶油醬。水果鮮奶油蛋糕是很受歡迎的西式甜點,在非草莓產季時只要更換水果種類,就能一整年都推出。

Pêche

〔 水蜜桃鮮奶油蛋糕 〕

把富含水分的水蜜桃和打發鮮奶油一起作成夾心，是一款能吃得到桃子細緻
的甘甜及迷人清香的夏季鮮奶油蛋糕。塗抹在表面的打發鮮奶油，顏色是令
人聯想到水蜜桃的淡粉紅色。還有使用了加入檸檬汁的卡士達醬，搭配鮮奶
油的「檸檬鮮奶油蛋糕」等各式各樣豐富的種類。

Fromage Cru

. . . .

生起司蛋糕

這是一款在安食主廚獨自創業之前，於甜點店DEFFERT擔任主廚時便持續製作，且經過不斷改良後誕生的特色甜點。在安食主廚打造的點心裡，就屬生起司蛋糕和能和草莓鮮奶油蛋糕並駕齊驅，受到廣大年齡層的支持，同列長期以來最受到喜愛的蛋糕。如今這款甜點已經完全是安食主廚的原創口味，但若討論其根源，應該是從主廚最初任職於「ら‧利す帆ん」時期所接觸到的元素所發展變化而來。蛋糕底部的起司是從許多組合之中，考量了酸味、深度、口感、奶香味後，選擇了「Buko」與「Kiri」，然後混合酸奶油。鮮奶油使用脂肪含量45%的產品，以電動攪拌機混合起司時，為了避免攪拌不均勻的情形，採用低速轉動，打出富有黏著度且質地平均的成品。

材料（成品分量分別記載於各個食譜內）

杏仁海綿蛋糕
Biscuit Joconde

（37cm×8cm 的方形慕絲圈 3.5 個分）
糖粉《sucre glace》…48g
杏仁粉《amandes en poudre》…96g
杏仁膏《pâte d'amandes crue》…25g
全蛋《œufs entiers》…80g
蛋黃《jaunes d'œufs》…50g
蛋白霜《meringue française》
⌐ 蛋白《blancs d'œufs》…177g
│ 乾燥蛋白粉《blancs d'œufs séchés》…3.5g
└ 細砂糖《sucre semoule》…91g
融化奶油《beurre fondu》…30g

杏仁甜派皮
Pâte sucrée aux amandes

→參照p.18。

起司奶油醬
Crème au fromage

（37cm×8cm 的方形慕絲圈 1 個分）
奶油起司A（丹麥產「Buko」）
《fromage à la crème Buko》…237g
奶油起司B（法國產「Kiri」）
《fromage à la crème Kiri》…88g
酸奶油 《crème aigre》…20g
煉乳（無糖）《lait concentré non sucré》…29g
細砂糖 《sucre semoule》…45g
鮮奶油（乳脂含量45%）
《crème fraîche 45% MG》…280g

檸檬奶油醬
Crème au citron

（37cm×8cm 的方形慕絲圈 5 個分）
全蛋《œufs entiers》…115g
檸檬汁《jus de citron》…50g
百香果泥《purée de fruit de la passion》…7g
檸檬皮《zestes de citrons》…1.5個分
細砂糖《sucre semoule》…67g
發酵奶油《beurre》…60g

組合・裝飾
Montage, Décoration

打發鮮奶油《crème chantilly》*…適量

＊打發鮮奶油使用乳脂含量42%及35%的鮮
奶油，以相同比例混合，加入其分量10%的
細砂糖後，打至六分發，即撈起後滴下的鮮
油奶可於盆內劃線，但很快消失的狀態。

起司奶油醬的材料。奶油起
司選擇了兼具深度及香濃氣
味的「Buko」，以及口感滑
順的「Kiri」。

檸檬奶油醬的材料。將有著
明顯檸檬酸味的奶油醬，塗
抹在底部的甜派皮上，讓整
體口味更為立體凝聚。

安食雄二甜點店的定番款甜點 ／ 生起司蛋糕

作法

杏仁海綿蛋糕
Biscuit Joconde

麵糰作法參照p.22。切成厚度1.5cm的薄片，以37cm x
8cm的方形慕絲圈壓出痕跡後，再以刀子切下。

杏仁甜派皮
Pâte sucrée aux amandes

麵糰作法參照p.18。將靜置一晚後的麵糰擀平成3.5mm
厚，嵌入37cm x 8cm的方形慕絲圈內，放到烤盤上，放
入預熱至150℃的旋風烤箱內。開啟烤箱氣門烘烤15分
鐘，然後將烤盤前後對調，再烤7至8分鐘，待整體烘烤上
色後從慕斯圈內取出，再烤2至3分鐘。刷上蛋黃液（分量
外，將蛋黃混合適量冷水），最後再烤5至6分鐘。

起司奶油醬
Crème au fromage

❶ 電動攪拌機的鋼盆內放入兩種奶油起司及酸奶油，以
  鉤狀攪拌頭混合，直到質地變得柔軟。為了避免奶油
  醬過稀，事先把鋼盆＆攪拌頭放入冰箱冷卻。
❷ 鋼盆裡倒入煉乳及細砂糖，以打蛋器攪拌混合。先把
  機器停下，將鋼盆內側沾黏的奶油醬撥回盆底，然後
  倒入混合了細砂糖的煉乳，繼續打發。
❸ 加入鮮奶油，繼續攪拌。為了不要打入過多空氣，盡
  量以慢速仔細攪打，完成質地均勻且滑順的奶油醬。
❹ 將鋼盆從機器上卸下，以打蛋器手動攪拌，調整成喜
  好的軟硬度。

檸檬奶油醬
Crème au citron

❶ 鍋裡放入全蛋、檸檬汁、百香果泥，接著削入檸檬皮
  屑。
❷ 以打蛋器輕輕攪拌的同時加入細砂糖，以小火加熱。
  一邊不停攪拌，加熱至蛋液溫度上升且呈現濃稠的狀
  態。
❸ 離開火源，加入奶油，仔細拌勻。
❹ 步驟③的材料過篩倒入調理盆內，放進冰箱冷藏一
  晚。

組合・裝飾
Montage, Décoration

❶ 在37cm x 8cm的方形慕絲圈裡嵌進杏仁海綿蛋糕，
  疊上起司奶油醬。為了不讓蛋糕跟慕絲圈中間有空隙
  產生，起司奶油醬裝入擠花袋內再擠上。
❷ 以刮板壓緊，使慕斯圈內填滿起司奶油醬。
❸ 以抹刀抹平表面之後，放入冰箱冷藏約2小時。
❹ 將杏仁甜派皮放在跟慕絲圈相同尺寸的底板上，烘烤上色
  面朝上擺放。
❺ 以抹刀在杏仁甜派皮上，塗抹檸檬奶油醬。
❻ 從冰箱內取出步驟③的蛋糕，在上面薄塗一層打發鮮
  奶油。
❼ 把步驟⑥的蛋糕置於步驟⑤的派皮上，慕絲圈側面以
  瓦斯噴槍輕輕加熱，脫模。可以將比方形慕絲圈小的
  圓形慕絲圈排列在一起後，將底板連同整個方形慕絲
  圈放上，比較方便脫模。
❽ 將蛋糕切成每片2.7cm寬的片狀即完成。

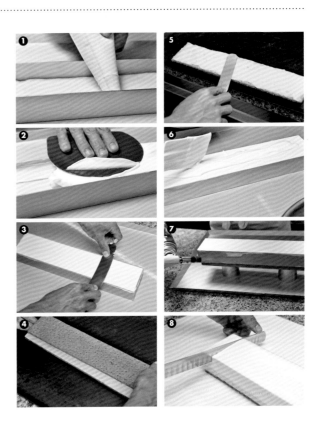

安食雄二甜點店的定番款甜點／春

Primtemps

....

春

這是店內長銷商品「生起司蛋糕」（參照p.46）的姐妹品，如「春」之名所示，是一道豪華地使用了草莓、藍莓、覆盆子的水果塔。上方的乳霜，由於考慮到和水果的平衡感，稍微多加了些鮮奶油，比起生起司蛋糕口感更加輕盈。中層的夾心是新鮮莓果類，而使用了三種莓果（Senga Sengana草莓、野草莓、覆盆子）的燉莓果也藏身在水果之中。連同帶著新鮮草莓一起烘烤而成的水果塔底座，這道甜點讓我們以各種不同的形式，品嚐到莓果的好滋味。同系列作品還有使用新鮮芒果與芒果醬的「夏（Été）」及「冬（Hiver）」（參照p.50）。

杏仁甜派皮
Pâte sucrée aux amandes

→參照p.18。

杏仁奶油
Crème frangipane

（以下記分量製作，每一個塔使用18g）
杏仁奶油《crème d'amandes》*¹…200g
卡士達醬《crème pâtissière》*²…100g

*1 杏仁奶油的材料‧作法參照p.33。
*2 卡士達醬的材料‧作法參照p.30。

起司奶油醬
Crème au fromage

奶油起司A（丹麥產「Buko」）《fromage à la crème Buko》…130g
奶油起司B（法國產「Kiri」）《fromage à la crème Kiri》…50g
酸奶油《crème aigre》…15g
細砂糖《sucre semoule》…25g
煉乳（無糖）《lait concentré non sucré》…24g
鮮奶油（乳脂含量45%）《crème fraîche 45% MG》…190g

組合‧裝飾
Montage, Décoration

草莓《fraises》…8粒
燉莓果糖漿
《sirop de compote de fruits rouges》*³…適量
白巧克力醬《pâte à glacer blanche》…適量
櫻桃利口酒《kirsch》…2.5g
卡士達醬*²《crème pâtissière》…40g
覆盆子《framboises》…10粒
燉莓果《compote de fruits rouges》*³…100g（1個塔10g）
藍莓《myrtilles》…20粒
寒天液《agar-agar》…適量
白巧克力片《palets de chocolat blanc》…10片

*3 燉莓果的材料及作法參照p.37。

Hiver
冬

底座以裝有杏仁奶油的杏仁甜派皮烘烤而成的水果塔。上方的材料，中央是燉蘋果，周圍則是充滿芳香的馬德拉酒香煎蘋果。為了使香煎蘋果完全被馬德拉酒滲透，能夠入口即化又富有光澤，經過四道手續反覆地進行煎炒及烘烤。和「春」一樣使用了起司奶油醬，是一道代表冬季的甜點。

作法

杏仁甜派皮
Pâte sucrée aux amandes

麵糰作法參照p.18。將靜置一晚的麵糰擀成2mm，鋪在直徑6cm的水果塔模型底部。

杏仁奶油
Crème frangipane

取杏仁奶油（參照p.33）及卡士達醬（參照p.30）以2：1的比例調和。

起司奶油醬
Crème au fromage

❶ 在電動攪拌機的鋼盆裡放入兩種奶油起司與酸奶油，以勾狀攪拌頭攪打至柔軟。為了不使質地過稀，鋼盆及攪拌頭請事先冷藏降溫。

❷ 停下機器，將鋼盆內側沾黏的奶油醬撥回盆底，加入混合細砂糖的煉乳，繼續攪拌。

❸ 加入鮮奶油，盡量以低速攪拌，減少拌入空氣。攪拌至質地均勻且滑順的狀態。

❹ 從機器上卸下鋼盆，取打蛋器手動攪拌，讓整體的質地更加平均。

組合 · 裝飾
Montage, Décoration

❶ 把鋪有杏仁甜派皮的水果塔模型放在烤盤內，分別擠入各18g的杏仁奶油。

❷ 把切去蒂頭、縱向切成1/4等分的草莓放入步驟①內。

❸ 放入上火154℃·下火140℃的已預熱平窯烤箱中，烘烤約50分鐘。烘烤約30分鐘左右時，杏仁奶油會開始浮起，此時將模型底部在烤盤上輕敲，確定底部確實有受熱烘烤。

❹ 出爐後脫模，以刷子在表面刷上燉莓果糖漿。

❺ 把白巧克力醬裝在調理盆內，將杏仁甜派皮的底面與側面浸入盆內，之後置於淺盆內等待乾燥。

❻ 混合卡士達醬與櫻桃利口酒，填入裝有直徑7mm花嘴的擠花袋內，沿著水果塔的邊緣畫圓擠出。

❼ 盛裝水果。草莓切去蒂頭後縱向切成4等分，取其中2片在卡士醬上呈對角擺放，覆盆子對半切開，放在草莓之間。

❽ 正中央加上燉莓果，放上2顆對半切開的藍莓（露出切面），作為點綴。以刷子刷上寒天液，增添光澤感同時固定形狀。

❾ 在裝上直徑1.5cm花嘴的擠花袋內填入起司奶油醬，擠在步驟⑧的水果塔上。

❿ 最後以圓形的白巧克力片裝飾即完成。

Tarte au Fromage et aux Fruits

....

水果烤起司蛋糕

上半部是充滿蘇玳葡萄酒味的烤起司蛋糕，下半部是有著滿滿新鮮芒果的水果塔。把定番款烤起司蛋糕和富有水分的水果、杏仁奶油及甜派皮結合，完成了這道雙層起司蛋糕。蛋糕裡所使用的芒果是香氣濃郁、甜度極高的宮崎縣產芒果。另一個特色是上下兩層奶油醬的口味取得絕妙平衡，同時口感柔軟細緻。起司奶油醬的口感「彷彿在卡士達醬內混合了起司及蛋白霜」（安食主廚）。不過作法並非加入蛋黃後直接加熱，而是在牛奶內加入玉米粉加熱呈糊狀後，再和奶油起司混合，在這個步驟才加入蛋黃或蛋白霜。為了不讓麵糰浮起，以低溫烘烤也是一個重點。

材料（直徑15cm、高2cm＋4cm的慕絲圈2個分）

杏仁甜派皮
Pâte sucrée aux amandes

（15至20個分。以下記分量製作，使用2個分）
發酵奶油《beurre》…300g
糖粉《sucre glace》…188g
鹽《sel》…2.3g
全蛋 《œufs entiers》…85.6g
香草莢《gousse de vanille》…1/10根
低筋麵粉《farine de blé tendre》…485g
杏仁粉《amandes en poudre》…77g

杏仁奶油
Crème d'amandes

→參照p.33，使用320g。

起司奶油醬
Crème au fromage

牛奶《lait》…150g
煉乳（無糖）《lait concentré non sucré》…15g
細砂糖《sucre semoule》…9g
蘇玳葡萄酒《vin liquoreux／Sauternes》…9g
玉米粉《fécule de maïs》…13.5g
奶油起司（法國產「Kiri」）《fromage à la crème Kiri》…240g
酸奶油《crème aigre》…24g
蛋黃《jaunes d'œufs》…76g
發酵奶油《beurre》…46.5g
蛋白霜《meringue française》
┌ 蛋白《blancs d'œufs》…49.5g
└ 細砂糖《sucre semoule》…57g

組合
Montage

芒果《mangue》…1大顆

選用滋味豐富的日本產成熟芒果。圖為糖分含量高、果汁充沛的宮崎縣產3L大小的芒果。

變化版

上層為烤起司蛋糕，下層是烤水果塔，以雙層的構造把烤好的蛋糕組合起來，只要改變水果塔的水果種類，就能輕鬆作出不同的變化。水果可依季節變更為草莓、覆盆子、西洋梨等等，圖中則是使用蘋果（紅玉）。由於是直接烘烤新鮮的水果，所以果汁會滲透到杏仁奶油裡，成品也就更香更濕潤。

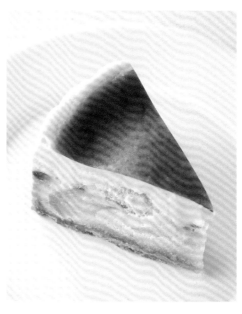

作法

杏仁甜派皮
Pâte sucrée aux amandes

麵糰作法參照p.18。前一天完成後，放入冰箱冷藏靜置一晚。

杏仁奶油
Crème d'amandes

作法參照p.33。前一天準備完成後，放入冰箱冷藏靜置一晚。

起司奶油醬
Crème au fromage

❶ 銅盆裡放入牛奶、煉乳、細砂糖、蘇玳葡萄酒，混合均勻，加入玉米粉後以中火加熱。為了使受熱平均，一邊晃動銅盆，一邊不間斷地以打蛋器攪拌混合。

❷ 溫度到達70℃左右時，玉米粉中的澱粉便會開始糊化，產生黏性。接著繼續攪拌1分半左右，改以小火加熱，待完全糊化後即可熄火。成品具有相當高的黏性。

❸ 混合奶油起司與酸奶油，以微波爐加熱至36℃至40℃左右。

❹ 把步驟❸的材料分成3次加入步驟❷的銅盆內，每次加入時都以打蛋器磨擦盆底攪拌，至6成混合後再加入下一批。

❺ 此步驟請在熄火的瓦斯爐上進行，視情況交替加熱／熄火，保持銅盆內的溫度於40℃上下，仔細地混合拌勻。結束時盆內的質地應為綿密均勻、柔軟滑順的狀態。

❻ 把加熱至30℃的蛋黃全部倒入。

❼ 同步驟❺的要點，將溫度控制在40℃上下，以打蛋器仔細攪拌均勻。

❽ 鍋裡放入奶油，點火加熱使奶油融化。

❾ 將步驟❽的奶油加入步驟❼的銅盆內，以打蛋器混合拌勻。把銅盆移至作業臺上，以打蛋器一邊攪拌，讓溫度下降至40℃左右。

❿ 在進行步驟❶至❾的同時，將蛋白與細砂糖以電動攪拌機混合打發成蛋白霜備用（參照p.34）。把蛋白霜加入步驟❾的銅盆內，以矽膠刮刀從盆底向上翻舀混合均勻。這裡使用的蛋白霜糖分含量高，沒有打至全發緊實狀態，所以最後完成的質感會略顯黏糊。重點是攪拌成和步驟❾的起司奶油醬相同質感即可。

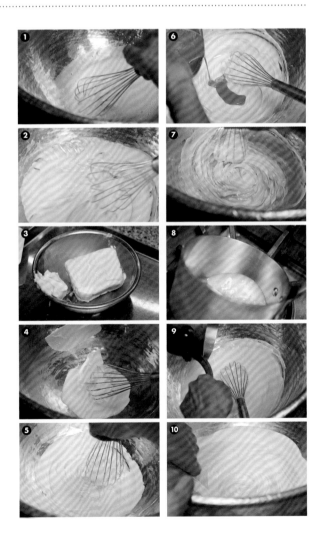

組合
Montage

❶ 靜置一晚後的杏仁甜派皮擀成3mm厚的長方形，以滾輪打洞器壓出小洞。以直徑15cm的慕絲圈切出底部用派皮，側面用派皮則切成1.7cm寬的長條狀，分別準備2片。

❷ 在烤盤內鋪上烘焙墊，烘焙墊內放上步驟①的底部用派皮，再加上直徑15cm、高2cm的慕絲圈。取側面用派皮沿慕絲圈內側貼一圈，確定派皮和模型密合。

❸ 派皮若有超出慕絲圈的部份，以水果刀切去。

❹ 從冰箱中取出杏仁奶油，在室溫下退冰，以木杓輕拌，調整成方便使用的硬度。

❺ 在裝有圓形花嘴的擠花袋裡填入步驟④的杏仁奶油，從中央向外以漩渦狀擠出。每一個派皮約使用160g的杏仁奶油。

❻ 芒果縱向切成3等分，兩側較圓厚的部位再各自縱向切成8等分後去皮，正中央部分去果核後再切成適當大小。

❼ 在杏仁奶油上以放射狀擺放芒果片。

❽ 在步驟⑦的塔上重疊一個直徑15cm、高4cm的慕絲圈。這是為了防止烘烤時直接觸熱風，使表面的水分蒸發。

❾ 側面以小型的慕絲圈固定，防止重疊的慕絲圈鬆脫。放入預熱至153℃的旋風烤箱總共烘烤45分鐘。先開啟烤箱氣門，烘烤20分鐘，接著將烤盤內外對調方向後再烤10分鐘，同時確認芒果是否有乾燥現象。之後再烤5分鐘，在上方蓋一層烘焙紙以防止乾燥，再烤10分鐘。

❿ 表面烤成棕色後即可出爐。保持上下模型不動，在上層慕絲圈的內側貼上一層烘焙紙。

⓫ 將起司奶油醬分別倒入兩個慕絲圈內。

⓬ 取抹刀和起司奶油醬呈垂直角度，刮去表面不平整的浮沫。

⓭ 放入預熱至85℃的旋風烤箱內，先靜置6分鐘後，再打開蒸氣烘烤25分鐘。之後開門讓蒸氣揮發，接著關掉蒸氣再烤8分鐘。然後移到上火‧下火皆為220℃的平窯烤箱內，開啟烤箱氣門，再烤1分鐘。

⓮ 出爐後先不脫模，以瓦斯噴槍將表面烤上色。

⓯ 從上層慕絲圈的內側插入水果刀，沿著邊緣畫一圈後即可取下模型。取下烘焙紙，移除下層的慕絲後就完成了。

Fraisier

....

草莓夾心蛋糕

眾所周知的法式經典甜點——草莓夾心蛋糕，在安食雄二甜點店內以嶄新的風味呈現出來。草莓夾心蛋糕的普遍作法是在吸滿櫻桃利口酒糖漿的蛋糕體中間，夾入慕斯林奶油與新鮮草莓；而想推出「個人風格草莓夾心蛋糕」的安食主廚，所構思的則是以水果塔的塔皮底當成蛋糕底的嶄新作法。上面層疊上開心果口味的慕斯林奶油與新鮮草莓，再疊上楓糖口味的杏仁海綿蛋糕，濃郁厚實的奶油配上酸酸甜甜的草莓，無論在視覺或味覺上都形成了美好的對比。

材料（直徑15cm、高2cm＋4cm的慕絲圈1個分）

杏仁甜派皮
Pâte sucrée aux amandes

→參照p.18。派皮擀成3mm厚，以滾輪打洞器壓出小洞。以直徑15cm的慕絲圈壓出底部用派皮。側面用派皮則切成1.7cm寬的長條狀。

杏仁奶油
Crème d'amandes

→參照p.33。使用150g。

楓糖杏仁海綿蛋糕
Biscuit Joconde au érable

（38.5cm x 27.5cm的烤盤4個分）
杏仁粉《amandes en poudre》…344g
糖粉《sucre glace》…204g
楓糖《sucre d'érable》…48g
杏仁膏《pâte d'amandes crue》…100g
全蛋《œufs entiers》…320g
蛋黃《jaunes d'œufs》…200g
蛋白霜《meringue française》
 ┌ 細砂糖《sucre semoule》…300g
 │ 乾燥蛋白粉《blancs d'œufs séchés》…14g
 └ 蛋白《blancs d'œufs》…708g
低筋麵粉《farine de blé tendre》…308g
融化奶油《beurre fondu》…120g

開心果慕斯林奶油
Crème mousseline à la pistache

洋甘菊英式蛋黃醬
《crème anglaise à la camomille》
…以下列分量製作，總共使用30g
 ┌ 牛奶《lait》…310g
 │ 洋甘菊《camomille》…13.5g
 │ 鮮奶油A（乳脂含量45%）
 │ 《crème fraîche 45% MG》…68g
 │ 細砂糖《sucre semoule》…34g
 │ 蛋黃（加糖20%）
 │ 《jaunes d'œufs 20% sucre ajouté》…126g
 │ 凝固劑《gelée dessert》…7.5g
 └ 鮮奶油B（乳脂含量45%）
 《crème fraîche 45% MG》…203g
發酵奶油《beurre》…60g
開心果餡《pâte de pistaches》…20g
義式蛋白霜《meringue italienne》
…以下列分量製作，總共使用20g
 ┌ 細砂糖《sucre semoule》…100g
 │ 水《eau》…30g
 └ 蛋白《blancs d'œufs》…50g

組合・裝飾
Montage, Décoration

草莓《fraises》…11粒
杏仁膏《pâte d'amandes crue》*…適量
糖粉《sucre glace》…適量

*杏仁膏擀成2mm厚，以直徑15cm的慕絲圈壓形備用。

作法

楓糖杏仁海綿蛋糕
Biscuit Joconde au érable

❶ 在食物調理機內倒入杏仁粉、糖粉、楓糖，攪拌均勻。把杏仁膏撕成小碎塊後加入，攪拌30至40秒至混合均勻為止。

❷ 把全蛋＆蛋黃加入調理盆內後打散，少量多次地倒入步驟①的調理機內，混合均勻。整體攪至得柔軟滑順後，倒回調理盆內。

❸ 蛋白霜（參照p.34）以打蛋器輕輕攪拌一下，然後以打蛋器舀取少許蛋白霜加入步驟②的調理盆內。一邊轉動調理盆的邊緣，一邊以矽膠刀從盆底向上翻舀拌勻。加入剩下蛋白霜的一半分量，不要破壞氣泡，須切拌均勻。

❹ 加入已過篩的低筋麵粉，以相同方式拌勻。

❺ 加入剩下的蛋白霜，以同樣方式拌勻。加入約60℃的奶油，仔細攪拌至整體質地均勻。

❻ 將步驟⑤倒入已鋪好烘焙紙的烤盤裡，整平表面。

❼ 放入上火・下火皆為200℃的平窯烤箱內，烤約15分鐘。取出烤盤對調方向後再烤2至3分鐘。

開心果慕斯林奶油
Crème mousseline à la pistache

❶ 製作洋甘菊英式蛋黃醬：鍋裡放入牛奶＆洋甘菊，以小火煮至沸騰。煮沸後加蓋，等待2分鐘，使香味擴散出來。

❷ 將步驟①的材料以濾網過濾，倒入調理盆內，以牛奶補足濾掉的分量（分量外），調整為310g。

❸ 將步驟②的材料倒回鍋裡，加入鮮奶油A、細砂糖後，以中火加熱，煮沸後再加入蛋黃混合均勻。

❹ 煮熟後加入凝固劑，鍋底接觸流動的水或冰水，降溫至30℃後，再加入鮮奶油B。

❺ 把已回到室溫的奶油，放入電動攪拌機內，以中速攪拌。

❻ 待步驟⑤的奶油完全打發後，加入步驟④的材料及開心果餡，繼續攪拌。待整體呈現柔軟膨鬆的狀態後，倒入調理盆內，與義式蛋白霜（參照p.35）混合。

組合・裝飾
Montage, Décoration

❶ 在烤盤裡鋪上烘焙墊，放上直徑15cm、厚3mm的杏仁甜派皮，再裝上直徑15cm、高2cm的慕絲圈。取側面用派皮沿慕絲圈內貼一圈，確認派皮和模型密合後，將多餘的部分以水果刀切除。

❷ 將杏仁奶油填入已裝上圓形花嘴的擠花袋內，從步驟①的派皮中央向外以漩渦狀擠出。

❸ 放入預熱至150℃的旋風烤箱內，約烤35分鐘。

❹ 在烤好的步驟③材料上，薄塗一層開心果慕斯林奶油，然後在原本的模型上方再加上一個直徑15cm、高4cm的慕絲圈，然後把草莓去蒂、對半切開，草莓切面朝外緊密排列上去，從上方淋入開心果慕斯林奶油。

❺ 在步驟④的材料上方，放上以直徑15cm慕絲圈壓形的楓糖杏仁海綿蛋糕，烘焙面朝下。

❻ 在海綿蛋糕上，薄塗一層步驟④剩下的慕斯林奶油，再加上一層杏仁膏，讓兩者確實緊密貼合，接著放入冰箱冷藏約30分鐘。

❼ 取下模型，最後灑上糖粉裝飾即完成。

安食雄二甜點店的定番款甜點／草莓夾心蛋糕

Tarte aux Fraises

....

草莓塔

奢華地使用大顆「甘王（AMAOU）」草莓的草莓塔，在展示櫃裡總是最引人注目的焦點。以保留並發揮食材的天然美味為出發點，雖然結構組合是最簡單的新鮮草莓、外交官奶油醬、白巧克力甘納許，但在擠入杏仁奶油烘烤出爐的水果塔上，塗上店內自製的燉莓果糖漿，以如此細膩的手法將草莓的美味作出最極致的襯托。棒狀的蛋白霜以立體方式裝飾，甜點外形設計充滿童趣。

杏仁甜派皮
Pâte sucrée aux amandes

→參照p.18。派皮擀成3mm厚，以滾輪打洞器壓出小洞。以直徑21cm的慕絲圈壓出底部用派皮。側面用派皮則切成1.7cm的長條狀。

杏仁奶油
Crème d'amandes

→參照p.33。使用460g。

卡士達醬
Crème pâtissière

→參照p.30。使用75g。

外交官奶油醬
Crème diplomate

打發鮮奶油《crème chantilly》*1…150g
烘焙用本葛粉（廣八堂「Kuzu Neige」）
《arrow-root》…0.2g
卡士達醬《crème pâtissière》…75g

＊1 打發鮮奶油，在鮮奶油（乳脂含量45%）中加入10%分量的細砂糖，打至九分發，即提起打蛋器時端呈現挺立尖角的狀態。

白巧克力甘納許
Ganache blanche

白巧克力（法芙娜「IVOIRE」）
《chocolat blanc》…15g
鮮奶油（乳脂含量40%）
《crème fraîche 40% MG》…150g
脫脂奶粉《lait écrémé en poudre》…3.3g

蛋白霜
Meringue

蛋白《blancs d'œufs》…252g
紅糖《cassonade》…57g
細砂糖《sucre semoule》…324g
糖粉《sucre glace》…138g

組合・裝飾
Montage, Décoration

燉莓果糖漿
《sirop de compote de fruits rouges》*2…適量
糖粉《sucre glace》…適量
草莓（甘王）《fraises》…16粒

＊2 燉莓果的材料・作法參照p.37。

作法

外交官奶油醬
Crème diplomate

在打發鮮奶油裡加入烘焙用本葛粉後混合，加入卡士達醬，輕拌混合而成。

白巧克力甘納許
Ganache blanche

❶ 調理盆裡放入白巧克力，隔水加熱融化。同時一邊將鮮奶油倒入另一個鍋子裡，點火加熱至沸騰。

❷ 待巧克力融化後，將煮沸的鮮奶油少量多次地加入，同時以打蛋器仔細攪拌均勻，使巧克力完全乳化。等到完全乳化後，把剩下的鮮奶油全部倒入，仔細攪拌混勻以調整濃度。

❸ 把調理盆的盆底浸入冰水中，並且不斷攪拌，使溫度降至10℃左右。放入冰箱冷藏靜置一晚。

❹ 隔天從冰箱取出後，和脫脂奶粉混合，以電動攪拌機打至五分發，即舀起後的液體可呈一直線滴落盆內的狀態。盆底浸入冰水直到使用前的最後一刻，再以打蛋器手動攪拌打到全發（舀起後前端呈尖角狀）。

蛋白霜
Meringue

❶ 在電動攪拌機的鋼盆裡放入蛋白、紅糖、1/3分量的細砂糖，以高速攪拌5分鐘，加入剩下細砂糖的一半分量後，再攪拌5分鐘。之後倒入剩下的細砂糖，攪拌10分鐘。

❷ 在烤盤裡鋪上烘焙紙，擠花袋裝上直徑7mm的星形花嘴，將步驟①材料填入擠花袋內擠成棒狀，灑上糖粉。

❸ 放入平窯烤箱，以上火・下火皆為120℃，烘烤約1小時至1小時30分鐘。

組合・裝飾
Montage, Décoration

❶ 烘焙墊上放上直徑21cm、厚3mm的杏仁甜派皮，再加上直徑21cm、高2cm的慕絲圈。取側面用派皮沿慕絲圈內貼一圈，確認派皮和模型密合後，多餘的部分以水果刀切除。

❷ 杏仁奶油從冰箱內取出於室溫下退冰後，以木杓輕拌成容易使用的軟硬度。將杏仁奶油填入已裝上圓形花嘴的擠花袋內，從步驟①的派皮中央向外以漩渦狀擠出。

❸ 放入150℃的旋風烤箱內，以150℃烘烤50分鐘至1小時。

❹ 在烤好的步驟③材料上刷一層燉莓果糖漿。等待完全冷卻後，在水果塔側面沾上糖粉。

❺ 將卡士達醬以7mm的圓形花嘴擠花袋，在水果塔上從中心向外漩渦狀擠出。草莓切去蒂頭，切面向外沿著模型邊緣排列一圈，中央擠上外交官奶油醬。剩下的草莓對半切開，以垂直方式插在奶油醬上。最後再以外交官奶油醬填補草莓之間的空隙。

❻ 將白巧克力甘納許塗在步驟⑤的蛋糕上，將蛋糕切成12等分。蛋白霜折成適當長度，以立體方式裝飾完成。

Tarte aux Pêches

〔 黃金桃握壽司 〕

安食雄二甜點店的水果塔，採取了有如壽司的表現手法，將品質優良的水果直接顯露在外，因此有了「壽司系列」的誕生。「黃金桃握壽司」是以山形縣出產、氣味香濃的「黃金桃」，搭配外交官奶油醬的一款夏季甜點。這款水果塔的底部刷有白桃果泥的糖漿，再加上卡士達醬，最後層疊已沾滿白桃風味糖漿的海綿蛋糕。

Tarte aux Mangues

〔 美國櫻桃軍鑑壽司 〕

在杏仁甜派皮裡填滿杏仁奶油後烘烤的水果塔，
出爐後刷上燉煮野草莓的糖漿（參照p.165、
p.167）。冷卻後以漩渦狀擠上卡士達醬，再擠
上打發鮮奶油後，切成12等分，再以去籽並對半
切開的美國櫻桃裝飾。

安倍雄二甜點店的定番款甜點／創意水果塔。

Tarte aux Cerises Américaines

〔 宮崎芒果鮪魚握壽司 〕

底部是連同香蕉一起烘烤，塗上了百香果泥的水
果塔。上層分別加上芒果及百香果的奶油醬（參
照p.135、p.136），再擠上打發鮮奶油與卡士達
醬，疊上薄薄的海綿蛋糕層後，再塗上芒果及百
香果。切片之後，再以香甜的完熟芒果豪華地裝
飾。如同高級鮪魚壽司般，無論味道、外型、名
稱都令人印象深刻的一道夏季甜品。

Choux à la
Crème

....

奶油泡芙

在灑滿了杏仁碎粒的泡芙麵糰裡擠入的外交官奶油,是混合含有波旁香草的卡士達醬及少量的鮮奶油而成。泡芙是日式西洋甜點店裡經典中的經典,安食雄二甜點店的作法則強調了泡芙麵糰裡馥郁的香氣,再搭配香濃的奶油醬呈現口感上的對比,營造出法式甜點般獨特的鮮明層次感。帶有恰到好處鹹味的泡芙麵糰,在放入平窯烤箱內烘烤至浮起後,再換到旋風烤箱內乾燥烘烤。表面能夠膨脹得美觀好看,是由於麵糰擠出後以叉子在表面加壓的關係。藉由以叉子在麵糰表面壓出紋路,烘烤時麵糰中的蒸氣較容易釋放,最後得以完成濕氣較低的泡芙。

材料（20個分）

泡芙麵糊
Pâte à choux

牛奶《lait》…337g
細砂糖《sucre semoule》…6.7g
鹽《sel》…6g
發酵奶油《beurre》…144g
低筋麵粉《farine de blé tendre》
…96g
高筋麵粉《farine de blé dur》…96g
全蛋《œufs entiers》…350g
蛋白《blancs d'œufs》…88g
糖粉《sucre glace》…適量
杏仁碎粒《amandes hachées》
…適量

外交官奶油醬
Crème diplomate

卡士達醬
《crème pâtissière》*…1000g
鮮奶油A（乳脂含量35%）
《crème fleurette 35% MG》…75g
鮮奶油B（乳脂含量42%）
《crème fraîche 42% MG》…75g

＊卡士達醬的材料・作法參照p.30。

組合・裝飾
Montage, Décoration

糖粉《sucre glace》…適量

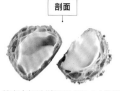

剖面

外交官奶油醬裡所含的卡士達醬
比例高一些，味道也更香濃。每
個泡芙裡約擠入55至60g的外交
官奶油醬。

作法

泡芙
Pâte à choux

❶ 麵糊作法參照p.20。把麵糊填入裝有直徑1.2cm圓形
花嘴的擠花袋內，在烤盤上擠出直徑4.5cm的圓形。
事先可以直徑4.5cm的慕絲圈沾取少許麵粉，在烤盤
內蓋出痕跡，更方便製作。

❷ 在表面刷上混合適量冷水的蛋黃液（分量外），然後
又叉子在表面壓出紋路，以利烘烤時膨脹。

❸ 在步驟②的麵糰上灑上沾了糖粉的杏仁碎粒，在表面
噴上水霧後放入烤箱。

❹ 放入平窯烤箱，以上火210℃·下火190℃烘烤20至
30分鐘，再以150℃的旋風烤箱烤約10分鐘。概念是
以平窯讓麵糰膨脹，再以旋風烤箱讓麵糰烤乾。出爐
後在泡芙底部開一個洞，讓中間的蒸氣得以釋放。

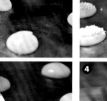

外交官奶油醬
Crème diplomate

❶ 將冰箱內冷藏的卡士達醬取出需要的分量，放入調理
盆內以矽膠刮刀拌開。

❷ 另取一個調理盆放入鮮奶油A、B，盆底浸入冰水，
同時以打蛋器打至七分發，即落下的鮮奶油可在盆內
劃線的程度。倒入步驟①的卡士達醬內，以矽膠刮刀
切拌均勻。

組合・裝飾
Montage, Décoration

在裝有直徑7cm花嘴的擠花袋裡，填入外交官奶油醬，從
泡芙底部的洞擠入，再灑上糖粉作為裝飾即完成。

安食雄二甜點店的定番款甜點／奶油泡芙

Choux
Craquelin

....

脆皮泡芙

有著餅乾般酥脆口感的脆皮泡芙，是和「奶油泡芙」（p.62）完全不同風格的作法。構想出發點是「能吃到帶有豐富的雞蛋香，又入口即化的奶油醬」（安食主廚），因此卡士達醬裡完全不使用香草。使用的牛奶也是質地清爽、經過低溫殺菌後的鮮奶，能夠吃到最原始的雞蛋香味，再和打發鮮奶油結合，完成了甜度爽口的奶油醬。泡芙麵糰的配方也作了更動，加入鮮奶油，再以餅乾麵糰作為脆皮增添變化。

材料（20個分）

泡芙麵糊
Pâte à choux

牛奶《lait》…280g
細砂糖《sucre semoule》…6g
鹽《sel》…5g
發酵奶油《beurre》…120g
低筋麵粉《farine de blé tendre》…80g
高筋麵粉《farine de blé dur》…80g
全蛋《œufs entiers》…348g

脆皮（餅乾）麵團
Craquelin

（下記は便於操作的分量）
發酵奶油《beurre》…1200g
糖粉《sucre glace》…300g
杏仁膏
《pâte d'amandes crue》…900g
低筋麵粉《farine de blé tendre》…900g

外交官奶油醬
Crème diplomate

卡士達醬《crème pâtissière》
…以下列分量製作，取1000g使用
┌ 牛奶（低溫殺菌牛奶）
│ 《lait pasteurisé》…1000g
│ 細砂糖《sucre semoule》…100g
│ 海藻糖《tréhalose》…100g
│ 蛋黃《jaunes d'œufs》…340g
└ 低筋麵粉《farine de blé tendre》…50g
鮮奶油A（乳脂含量35%）
《crème fleurette 35% MG》…75g
鮮奶油B（乳脂含量42%）
《crème fraîche 42% MG》…75g
細砂糖《sucre semoule》…15g

剖面

每一個泡芙裡約擠入55至60g的外交官奶油醬。「奶油泡芙」（參照p.62）裡的卡士達醬裡混合了鮮奶油；這一款脆皮泡芙則是使用加入10%細砂糖的打發鮮奶油。

作法

泡芙麵糊
Pâte à choux

作法參照p.20（雖然材料不同，但步驟流程相同）。

脆皮（餅乾）麵糰
Craquelin

❶ 調理盆裡放入回至室溫的奶油，以打蛋器攪拌至有如美奶滋的質地。加入糖粉，再以打蛋器磨擦攪拌均勻。
❷ 加入杏仁膏仔細拌勻，再加入低筋麵粉，以矽膠刮刀切拌均勻，直到粉末完全消失為止。
❸ 將步驟②的材料放在保鮮膜上，擀壓成1cm厚度後以保鮮膜覆，放入冰箱冷藏靜置一晚。

外交官奶油醬
Crème diplomate

❶ 卡士達醬的作法參照p.30（材料雖不同，但作法步驟一樣）。將冰箱內冷藏的卡士達醬取出需要的分量，放入調理盆內以矽膠刮刀拌開。
❷ 另取一個調理盆放入鮮奶油A、B，加入鮮奶油10%分量的細砂糖，盆底浸入冰水，同時以打蛋器攪拌至七分發，即落下的鮮奶油可在盆內劃線的程度。
❸ 把步驟②的打發鮮奶油加入步驟①的調理盆內，以矽膠刮刀切拌混合均勻。

組合
Montage

❶ 把泡芙麵糊填入裝上直徑1.2cm花嘴的擠花袋，在烤盤裡擠出直徑4.5cm的圓形。事先可以直徑4.5cm的慕絲圈，沾取少許麵粉後在烤盤內印出痕跡，會更方便製作。
❷ 從冰箱取出靜置後的脆皮（餅乾）麵糰，揉成直徑5cm的棒狀。再次放入冰箱冷藏靜置一陣子後，切成1.5mm厚的片狀，置於步驟①上。
❸ 放入平窯烤箱以上火180℃‧下火190℃，烘烤約20至30分鐘，之後再以150℃的旋風烤箱烤約10分鐘。
❹ 把外交官奶油醬填入裝上直徑7mm花嘴的擠花袋內，從出爐的泡芙底部擠入奶油醬即完成。

Éclair Café

....

咖啡閃電泡芙

以泡芙外皮、卡士達醬、糖霜所組成的閃電泡芙,是法式甜點經典中的經典。無論年齡層及性別,閃電泡芙在法國是最受歡迎的甜點之一。現今市面上有許多新穎的配方,但最基本的仍屬咖啡及巧克力口味。安食雄二甜點店的「咖啡閃電泡芙」是以星形花嘴擠出的線條狀泡芙麵糊,加上混合了鮮奶油的咖啡口味外交官奶油醬而成。表面覆蓋著含有濃縮咖啡精華的糖霜及巧克力顆粒,為傳統的甜點增添了流行感。

材料 （10個分）

泡芙麵糊
Pâte à choux

牛奶《lait》…280g
細砂糖《sucre semoule》…6g
鹽《sel》…5g
發酵奶油《beurre》…120g
低筋麵粉《farine de blé tendre》…80g
高筋麵粉《farine de blé dur》…80g
全蛋《œufs entiers》…348g

咖啡外交官奶油醬
Crème diplomate au café

鮮奶油A（乳脂含量35%）
《crème fleurette 35% MG》…10g
即溶咖啡《café soluble》…2g
濃縮咖啡精華（杜瓦洋酒貿易「Toque Blanche Café」）
《extrait de café liquide》…4g
卡士達醬
《crème pâtissière》*1…400g
鮮奶油B（乳脂含量35%）
《crème fleurette 35% MG》…25g
鮮奶油C（乳脂含量42%）
《crème fraîche 42% MG》…25g

*1 卡士達醬的材料・作法參照p.30。

組合・裝飾
Montage, Décoration

顆粒狀巧克力（法芙娜「Perles・Chocolat」）
《perles chocolat noir》…1個泡芙7顆
咖啡糖霜《fondant au café》*2…適量

*2 在糖霜裡加入適量Trablit咖啡精華混合而成。

從棒狀的泡芙兩端擠入奶油醬。被花嘴撐開的洞，可以顆粒狀巧克力蓋住。

泡芙內擠入奶油醬後，把泡芙朝上那面浸泡在咖啡糖霜裡，再以顆粒狀巧克力裝飾。

作法

泡芙
Pâte à choux

麵糊參照p.20（材料雖然不同，但作法步驟皆相同）。填入裝上6B花嘴的擠花袋，在烤盤內擠出長11cm的棒狀，刷上混合適量冷水的蛋黃液（分量外），放入平窯烤箱中，以上火180℃・下火190℃的烘烤約30分鐘。出爐後在泡芙兩端開小洞，讓內部的蒸氣得以釋放出來，置涼。

咖啡外交官奶油醬
Crème diplomate au café

❶ 調理盆裡放入鮮奶油A、即溶咖啡、濃縮咖啡精華，仔細攪拌均勻。
❷ 將冰箱內冷藏的卡士達醬取出需要的分量，放入調理盆內以矽膠刮刀拌開。
❸ 將步驟①的材料加入步驟②的調理盆內，仔細拌勻。
❹ 在另一個調理盆內放入鮮奶油B、C，以打蛋器打至七分發，即滴落的鮮奶油能在盆裡劃出線條的程度。加入步驟③的調理盆內，以切拌方式混合均勻。

組合・裝飾
Montage, Décoration

❶ 將咖啡外交官奶油醬填入裝有直徑7mm圓形花嘴的擠花袋，在泡芙兩端的小洞位置插入花嘴，擠出奶油醬填滿泡芙。等泡芙中央也填滿後，再以顆粒狀巧克力蓋住洞口。
❷ 在泡芙表面覆蓋咖啡風味糖霜，最後以顆粒狀巧克力裝飾。

Spearmint

. . . .

綠薄荷閃電泡芙

中間的夾心是混合了綠薄荷的外交官奶油醬。製作重點是在磨碎薄荷時，必需使用搗缽，如果使用電動攪拌機，薄荷會因為機器的熱度而變黑，使用搗缽則能保持翠綠的色澤。磨好的薄荷裡加入柚子果汁混合後，再和卡士達醬拌勻，就能完整保存新鮮的色彩和香氣。口感清爽的薄荷搭配上滋味香濃的卡士達醬，有著意外的協調平衡。而糖霜和奶油醬之中的柚子酸味，也達到了畫龍點睛的作用。簡單的甜點外觀，卻隱藏了主廚匠心獨具的好滋味。

材料（10個分）

泡芙麵糊
Pâte à choux

牛奶《lait》⋯280g
細砂糖《sucre semoule》⋯6g
鹽《sel》⋯5g
發酵奶油《beurre》⋯120g
低筋麵粉《farine de blé tendre》⋯80g
高筋麵粉《farine de blé dur》⋯80g
全蛋《œufs entiers》⋯348g

薄荷外交官奶油醬
Crème diplomate àla menthe

綠薄荷《menthe verte》⋯9g
柚子果汁《jus de yuzu》⋯4g
卡士達醬《crème pâtissière》*⋯400g
鮮奶油A（乳脂含量35%）
《crème fleurette 35% MG》⋯30g
鮮奶油B（乳脂含量42%）
《crème fraîche 42% MG》⋯30g

＊卡士達醬的材料・作法參照p.30。

組合・裝飾
Montage, Décoration

柚子果汁《jus de yuzu》⋯適量
顆粒狀巧克力（法芙娜「Perles・Chocolat」）
《perles chocolat noir》⋯1個泡芙2顆
糖霜《fondant》⋯適量
糖漬柚子皮《écorces de yuzus confits》⋯適量
糖霜顆粒《sucre perlé》⋯適量

作法

泡芙
Pâte à choux

麵糊參照p.20（材料雖然不同，但作法步驟皆相同）。填入裝上6B花嘴的擠花袋裡，在烤盤內擠出長11cm的棒狀，刷上以蛋黃混合適量冷水後的蛋黃液（分量外），放入平窯烤箱中，以上火180℃・下火190℃烘烤約30分鐘。出爐後的泡芙在兩端開小洞，讓內部的蒸氣得以釋放出來，置涼。

薄荷外交官奶油醬
Crème diplomate àla menthe

❶ 綠薄荷與柚子果汁一起放入搗缽裡，將薄荷葉仔細搗碎。
❷ 將冰箱內冷藏的卡士達醬取出需要的分量，放入調理盆內以矽膠刮刀拌開。
❸ 將步驟①的材料加入步驟②的調理盆內，仔細拌勻。
❹ 在另一個調理盆內放入鮮奶油A、B，以打蛋器打至七分發，即滴落的鮮奶油能在盆裡劃出線條的程度。加入步驟③的調理盆內，以切拌方式混合均勻。

組合・裝飾
Montage, Décoration

❶ 把薄荷風味外交官奶油醬填入裝有直徑7mm圓形花嘴的擠花袋內，在泡芙兩端的小洞插入花嘴，擠出奶油醬填滿泡芙。待泡芙中央也填滿後，再以顆粒狀巧克力蓋住洞口。
❷ 在泡芙上面覆蓋混合了柚子果汁的糖霜，最後以糖漬柚子皮及糖霜顆粒裝飾即完成。

Saint-Honoré Tonka

....

東加豆聖多諾黑泡芙塔

在日本的西洋甜點店裡也成為新定番口味,且知名度逐漸高漲的聖多諾黑泡芙塔。市面常見新穎的風味,如焦糖或玫瑰口味等等,安食主廚所呈現出來的,卻是淋上糖漿,加上雪白的鮮奶油,是相對非常傳統的作法。只不過上方的鮮奶油,並不是單純的打發鮮奶油,而是以浸泡了一整晚東加豆的白巧克力,混合鮮奶油打發成的奶油醬。加上了滋味香甜且帶有異國情的東加豆,這款聖多諾黑泡芙塔更顯得獨特而有個性。而在小小的泡芙裡,也有著滿滿口味濃郁的外交官奶油醬。

材料（10個分）

酥皮麵糰
Pâte feuilletée

→參照p.28。擀成厚度1mm後靜置一晚，再以直徑7cm的
慕絲圈壓形備用，準備10片。

泡芙
Pâte à choux

牛奶《lait》…337g
細砂糖《sucre semoule》…6.7g
鹽《sel》…6g
發酵奶油《beurre》…144g
低筋麵粉《farine de blé tendre》…96g
高筋麵粉《farine de blé dur》…96g
全蛋《œufs entiers》…350g
蛋白《blancs d'œufs》…88g
→麵糊作法參照p.20。

外交官奶油醬（小泡芙用）
Crème diplomate pour petits choux

卡士達醬《crème pâtissière》*1…150g
鮮奶油A（乳脂含量35%）
《crème fleurette 35% MG》…11g
鮮奶油B（乳脂含量42%）
《crème fraîche 42% MG》…11g

外交官奶油醬（組合用）
Crème diplomate pour montage

卡士達醬《crème pâtissière》*1…100g
鮮奶油C（乳脂含量40%）
《crème fraîche 40% MG》…100g
細砂糖《sucre semoule》…7g

*1 卡士達醬的材料・作法參照p.30。

東加豆奶油醬
Crème tonka

白巧克力（法芙娜「IVOIRE」）
《chocolat blanc》…60g
鮮奶油D（乳脂含量35%）
《crème fleurette 35% MG》…150g
鮮奶油E（乳脂含量35%）
《crème fleurette 35% MG》…354g
東加豆《fève de tonka》…1/2粒
烘焙用本葛粉（廣八堂「Kuzu Neige」）
《arrow-root》…13g

組合・裝飾
Montage, Décoration

焦糖《caramel》*2…適量
銀珠糖《dragées perles argentées》…適量

*2 鍋裡放入細砂糖、糖漿、水，加熱煮至金黃色即可。

作法

外交官奶油醬（小泡芙用）
Crème diplomate pour petits choux

❶ 將冰箱內冷藏的卡士達醬取出需要的分量，放入調理盆內以矽
膠刮刀拌勻。

❷ 在另一個調理盆內放入鮮奶油A、B，以打蛋器打至七分發，即
滴落的鮮奶油能在盆裡劃出線條的程度。加入步驟①的調理盆
內，以切拌方式混合均勻。

外交官奶油醬（組合用）
Crème diplomate pour montage

❶ 將冰箱內冷藏的卡士達醬取出需要的分量，放入調理盆內以
矽膠刮刀拌勻。

❷ 在另一個調理盆內放入鮮奶油C、細砂糖，以打蛋器打至七
分發，即滴落的鮮奶油能在盆裡劃出線條的程度。加入步驟
①的調理盆內，以切拌方式混合均勻。

東加豆奶油醬
Crème tonka

❶ 調理盆內放入白巧克力，隔水加熱融化。同時間在鍋裡放入
鮮奶油D，加熱煮至沸騰。

❷ 巧克力完全融化後，將鮮奶油D少量多次加入巧克力內，同
時以打蛋器仔細混合均勻，至完全乳化。

❸ 盆底浸入冰水並繼續攪拌，降溫冷卻至30℃左右。

❹ 加入鮮奶油E並混合均勻，再加入切碎的東加豆攪拌均勻。
以保鮮膜緊貼鮮奶油表面蓋好，放入冰箱靜置一晚。

❺ 隔天，將步驟④的鮮奶油過濾後，加入烘焙用本葛粉，打至
九分發，即前端呈尖角狀的緊實質地。

組合・裝飾
Montage, Décoration

❶ 以直徑7cm、厚度1mm的酥皮麵糰為底座，將泡芙麵糊以
7mm的圓形花嘴，沿著邊緣擠一圈。為了讓材料能均勻烘
烤，酥皮麵糰的中央也擠上少許的泡芙麵糊，再刷上混合適
量冷水的蛋黃液（分量外），放入旋風烤箱烘烤15分鐘。同
時在烤盤裡鋪上烘焙墊，擠出數個直徑2.5cm的小泡芙麵
糊，放入平窯烤箱以上火180℃‧下火190℃，烘烤約30分
鐘。

❷ 在底座的泡芙與小泡芙上沾附焦糖。

❸ 在小泡芙裡填滿小泡芙用的外交官奶油醬，底座的中央則擠
上組合用的外交官奶油醬。

❹ 在底座的泡芙上，間隔平均地放上3個小泡芙，然後在小泡
芙之間擠上東加豆奶油醬。3個小泡芙上方也擠上東加豆奶
油醬，然後在上方畫大圓般再擠出一圈。重點是要讓小泡芙
上的焦糖稍微外露被看見，最後以銀珠糖裝飾即完成。

小泡芙的直徑約2.5cm。在底座用的酥皮麵糰
上，沿著邊緣擠上一圈泡芙麵糊。為了不讓麵糰
烤焦，中央也要記得要擠上一點。以刷子刷上蛋
黃液後放入烤箱。

Chiboust
Fraise

....

草莓席布斯特

大量使用「甘王」草莓的席布斯特蛋糕。而這道甜點最重要的靈魂‧席布斯特醬，則誕生於1800年代。以法式奶醬、蘋果、酥皮麵糰、焦糖共同組合成的「席布斯特」，是法式甜點之中首屈一指的傑作，事實上也正是這道甜品讓安食主廚深陷法式甜點的世界裡。聽說第一次品嚐時，安食主廚受到了極大的衝擊，自此無法忘懷而開始徹底研究其製作方法。在反覆地試錯之中進行微幅修正，才有了今天的配方。上層是使用傳統技法，忠於原味的席布斯特醬；下層則是使用了酸奶油和重乳脂鮮奶油，所混合而成的獨創法式奶醬。有如烤布蕾般的濃厚口感，卻又搭配水果恰到好處的微酸氣味，令人難忘！

酥皮麵糰
Pâte feuilletée

→參照p.28。

法式奶醬
Appareil

酸奶油《crème aigre》…160g
香草莢《gousse de vanille》…適量
重乳脂鮮奶油《crème double》…60g
全蛋《œufs entiers》…90g
細砂糖《sucre semoule》…53g

席布斯特醬
Crème chiboust

義式蛋白霜《meringue italienne》
┌ 細砂糖《sucre semoule》…100g
│ 水《eau》…15g
└ 蛋白《blancs d'œufs》…50g
卡士達醬
《crème pâtissière》*1…90g
吉利丁片《feuilles de gélatine》…2.5g

組合・裝飾
Montage, Décoration

卡士達醬《crème pâtissière》*1…適量
海綿蛋糕《pâte à génoise》*2…適量
煉乳（無糖）《lait concentré non sucré》…適量
草莓（甘王）《fraises》…適量
糖粉《sucre glace》…適量

＊1 卡士達醬的材料・作法參照p.30。
＊2 海綿蛋糕的材料・作法參照p16。

法式奶醬的作法是把酸奶油和重乳脂鮮奶油混合在一起。香草莢縱向切開，再以刀把香草籽刮出。

安食雄二甜點店的定番款甜點／草莓席布斯特

作法

酥皮麵糰
Pâte feuilletée

❶ 麵糰參照p.28。以擀麵棍擀平成厚2mm、45cm x 18.5cm大小後，以滾輪打洞器壓出小洞，鋪入模型內，超出模型的麵糰以水果刀切除。內側鋪上烘焙紙，放入冷凍庫靜置，直到使用前再取出。

❷ 在麵糰上放上重石，整個模型放在烤盤上，放入旋風烤箱以180℃烘烤15分鐘。降溫至175℃，開啟烤箱氣門，將烤盤前後對調後，繼續烤15分鐘。觀察麵糰的狀態，邊緣烤至微微焦色後即可移除重石。接下來視情況續烤7至10分鐘，待麵糰顏色烤得均勻後，以刷子刷上混合適量冷水的黃蛋液（分量外），再烤5至7分鐘即可。

法式奶醬
Appareil

❶ 調理盆裡放入酸奶油、從香草莢裡刮出的香草籽、重乳脂鮮奶油，以打蛋器拌勻。

❷ 另取一個調理盆打入雞蛋，輕輕打散後加入細砂糖，再以打蛋器仔細磨擦攪拌。

❸ 把步驟②的材料分成4至5次加入步驟①的調理盆內，每次加入都以打蛋器仔細攪拌均勻。

❹ 以濾網過濾後，放入冰箱冷藏一晚。

❺ 把已經空燒完成的酥皮麵糰放在烤盤上，中間倒入步驟④的材料。

❻ 放入旋風烤箱以140℃烘烤15分鐘，將烤盤前後對調再烤5分鐘。此時先確認狀態，輕輕搖晃時表面有張力，呈現出有彈性的質感即可從烤箱內取出。如果還太柔軟，就再多烤幾分鐘，出爐後放入冰箱冷藏。

席布斯特醬
Crème chiboust

❶ 製作義式蛋白霜（參照p.35）。打發完成後的質感應該為充滿光澤、質地緊實，即以打蛋器舀起時呈挺直的尖角狀。

❷ 和步驟①同時進行，將靜置一晚後的卡士達醬（參照p.30）放入鍋內，到使用前最後一刻才加熱，直到從底部開始冒出氣泡為止。倒入調理盆內，加入已使用分量外的水浸泡變軟，並且擰去水分的吉利丁片，以打蛋器攪拌混合。

❸ 把步驟①的義式蛋白霜加入步驟②的調理盆內，以矽膠刮刀切拌並仔細混合均勻。

❹ 混合完成後的狀態。要點是讓卡士達醬和義式蛋白霜皆在溫熱的狀態下結合。

組合・裝飾
Montage, Décoration

❶ 將卡士達醬填入裝有直徑1cm圓形花嘴的擠花袋內，擠在法式奶醬的表面，完整覆蓋。

❷ 以厚度約5mm的海綿蛋糕蓋在步驟①的蛋糕之上。即使尺寸沒有剛好和模型吻合（37cm x 8cm）也不要緊，可以多放幾片，能覆蓋住即可。

❸ 在步驟②表面以刷子刷上煉乳。

❹ 將草莓切去蒂頭，再縱向對切，切面朝下排成2列。期中一列把草莓蒂朝右，另一列則朝左擺放。草莓擺好後即可放入冰箱冷藏。可以在這個步驟完成後，接著製作席布斯特醬。

❺ 把步驟④的蛋糕從冰箱內取出，把剛剛完成的席布斯特醬以矽膠刮刀舀取，大量放上。

❻ 以抹刀調整成山丘形，整平表面。

❼ 以不會沾覆鮮奶油材質的紙張（這裡使用貼紙的底紙），像是要調整弧形般，把奶油醬刮成半弧形（像魚板的形狀）。

❽ 送進冰箱冷藏約7至8分鐘後，灑上糖粉，每次間隔15分鐘總計6次，進行焦糖化作業。

❾ 灑糖粉時要使用篩網，從上方灑下完整覆蓋蛋糕。

❿ 右手拿著焦糖電烙鐵上色的同時，左手拿著瓦斯槍直接火烤，使焦糖化的色澤更均勻一致。焦糖電烙鐵順順地滑過表面，每次都以相同方向進行（已經烤過的位置就不要重覆燒烤），慢慢地焦糖化烤上色。每一次焦糖化完畢後，都要放進冰箱冷藏15分鐘。

⓫ 等第6次的焦糖化完成後，在焦糖變硬前以加熱的刀子壓出10道（11等分）切痕，再放入冰箱冷藏約15分鐘。

⓬ 把步驟⑪從冰箱內取出後，移除模型。使用3至4個直徑比模型寬度小、高度比模型高度（4cm）高的慕絲圈，墊在模型底下，以方便移除模型。

⓭ 配合以刀子壓出的切痕，切成11等分即完成。

Chiboust Poire

〔洋梨席布斯特〕

作法和「草莓席布斯特」（參照p.72）雖然基本上相同，但配合使用水果不同，也作了微幅調整。在下層的酥皮麵糰裡，法式奶醬加入洋梨白蘭地「Poire Williams」以增添風味，上層則使用新鮮大塊的法蘭西梨及席布斯特醬。這是每年推出的秋冬商品。

Chiboust Dekopon

〔凸頂柑席布斯特〕

在春初登場，使用飽含水分的凸頂柑製作的席布斯特。中間夾有已去除薄膜的凸頂柑，下層的法式奶醬裡則加入了柑橘蒸餾酒MANDARINE NAPOLÉON，以強調柑橘風味。中間夾入了一層薄薄的海綿蛋糕，將上下兩層俐落地分隔開來，同時也可以避免過多果汁滴入法式奶醬中。

安食雄二甜點店的定番款甜點／變化版席布斯特

Chiboust
Pamplemousse

〔 葡萄柚席布斯特 〕

中間夾著新鮮葡萄柚的席布斯特，是屬於夏季的商
品。配合酸酸甜甜的葡萄柚，法式奶醬也以荔枝蒸
餾酒DITA調味。法式奶醬依照所搭配水果不同，
會在重乳脂鮮奶油或酸奶油的分量上作些微變化，
以調整酸味，但席布斯特醬則適用於所有商品。

Chiboust
aux Fruits

〔 水果席布斯特 〕

組合了草莓、芒果、黃金奇異果、香蕉，完成色彩
鮮豔的席布斯特。法式奶醬裡加入了櫻桃利口酒，
使風味更加鮮明。和鮮奶油蛋糕或水果塔同為法式
傳統糕點的一員，席布斯特也只要更換使用的水
果，就能夠一整年都吃得到，並在展示櫃裡呈現四
季的變化。

Mont-blanc

. . . .

蒙布朗

使用帶澀皮的西洋栗製作的蒙布朗,考慮到甜度與口感,混合了含糖栗子餡及無糖栗子泥。在栗子鮮奶油的底下則是外形保持性佳、帶有奶香味的白巧克力甘納許。雖然現在日本流行的蒙布朗是使用帶澀皮的栗子,但安食主廚表示「我自己直到近20歲之前,都覺得蒙布朗是海綿蛋糕和鮮奶油,加上去除澀皮的黃色糖煮栗子泥所作出來的。」而讓他想法為之改變的,正是AU BON VIEUX TEMPS的主廚河田勝彥所製作的蒙布朗。「入口瞬間就被那分美味深深感動,顛覆了我腦海中蒙布朗的概念。」從那之後,底部鋪上蛋白霜、使用棕色的澀皮栗子泥,便成為安食主廚個人風格的經典蒙布朗作法。

蛋白霜
Meringue

（100個分）

蛋白《blancs d'œufs》…280g

紅糖《cassonade》…64g

細砂糖《sucre semoule》…424g

糖粉《sucre glace》…80g

可可脂《beurre de cacao》…適量

白巧克力甘納許
Ganache blanche

白巧克力（法芙娜「IVOIRE」）
《chocolat blanc》…60g

鮮奶油（乳脂含量40%）
《crème fraîche 40% MG》…600g

脫脂奶粉《lait écrémé en poudre》…13.2g

栗子奶油醬
Crème de marron

栗子餡《pâte de marrons》…131g

發酵奶油《beurre》…58.5g

栗子泥《purée de marrons》…65.5g

蘭姆酒《rhum》…8g

栗子打發鮮奶油
Crème chantilly au marron

栗子餡《pâte de marrons》…589g

栗子泥《purée de marrons》…196.5g

濃縮牛奶（乳脂含量8.8%）
《lait 8.8% MG》…140g

鮮奶油A（乳脂含量35%）
《crème fleurette 35% MG》…250.5g

鮮奶油B（乳脂含量45%）
《crème fraîche 45% MG》…250.5g

組合・裝飾
Montage, Décoration

糖粉《sucre glace》…適量

左邊是栗子醬的材料，右邊則是栗子鮮奶油的材料。皆使用法國製造的含糖栗子餡，與無糖栗子泥混合後再調整甜度，風味濃郁香醇。

剖面

底座是用了蛋白兩倍分量的砂糖，所調拌出來的蛋白霜。把砂糖分成多次加入，每次都花時間仔細打發，口感細緻且入口即化。

從下往上依序為蛋白霜、栗子奶油醬、白巧克力甘納許、栗子鮮奶油。

作法

蛋白霜
Meringue

電動攪拌機的鋼盆裡放入蛋白、紅糖、1/5分量的細砂糖，啟動機器攪拌打發。把剩下的細砂糖分成4次加入鋼盆內，確實打發完成後倒入調理盆內，加入糖粉以木杓輕輕拌勻混合。擠出成5cm的圓形，放入平窯烤箱，以上火・下火皆為120℃烘烤2小時即完成。冷卻後刷上融化的可可脂，等待乾燥。

白巧克力甘納許
Ganache blanche

調理盆裡放入白巧克力後，隔水加熱融化，再加入煮沸的鮮奶油，以打蛋器攪拌均勻，同時促進乳化。盆底浸入冰水冷卻後，放入冰箱冷藏一晚。隔天從冰箱取出後，和脫脂奶油混合，以電動攪拌機打至五分發，舀起會呈一直線滴落盆內的狀態。盆底浸入冰水，要使用前再以打蛋器手動攪拌打至九分發（舀起後前端呈尖角狀）。

栗子奶油醬
Crème de marron

❶ 在食物調理機內放入分成小塊的栗子餡,加入奶油後開始攪拌。待栗子餡和奶油混合均勻後,加入栗子泥,繼續攪拌至完全混合均勻。

❷ 將步驟①的材料倒入調理盆內,加入蘭姆酒,以矽膠刮刀仔細拌勻。放入冰箱冷藏靜置一晚。

❸ 把步驟②的材料倒入電動攪拌機的鋼盆裡,以中速攪拌。

❹ 完成的狀態應為充滿光澤且軟硬適中。

栗子鮮奶油
Crème chantilly au marron

❶ 在食物調理機內放入分成小塊的栗子餡,加入栗子泥後開始攪拌。

❷ 待栗子餡及栗子泥混合均勻後,慢慢少量多次加入濃縮牛奶,每次加入後都攪拌10至15秒,確實混合均勻。

❸ 將步驟②的材料倒入調理盆內,加入兩款鮮奶油後攪拌均勻。放入冰箱冷藏靜置一晚。

❹ 把步驟③的材料從冰箱內取出,盆底浸入冰水,以打蛋器打至七分發,即滴落的鮮奶油可在盆內劃線的程度。

組合・裝飾
Montage, Décoration

❶ 把作為底座的蛋白霜整齊排列於作業臺上,在蛋白霜的中間以裝有直徑1.2cm圓形花嘴的擠花袋,擠出栗子奶油醬成圓錐狀。

❷ 把白巧克力甘納許裝入直徑1.2cm圓形花嘴的擠花袋內,在步驟①的栗子奶油醬周圍以漩渦狀方式擠出,將栗子奶油醬包覆起來。

❸ 在小田卷蒙布朗擠條機裡裝滿栗子鮮奶油,縱向擠出鮮奶油成長條的細麵狀,蓋住步驟②的蛋糕,然後轉90度角再擠一次,以栗子鮮奶油把白巧克力甘納許完全遮蓋起來。

❹ 以篩網過篩,灑上糖粉即完成。

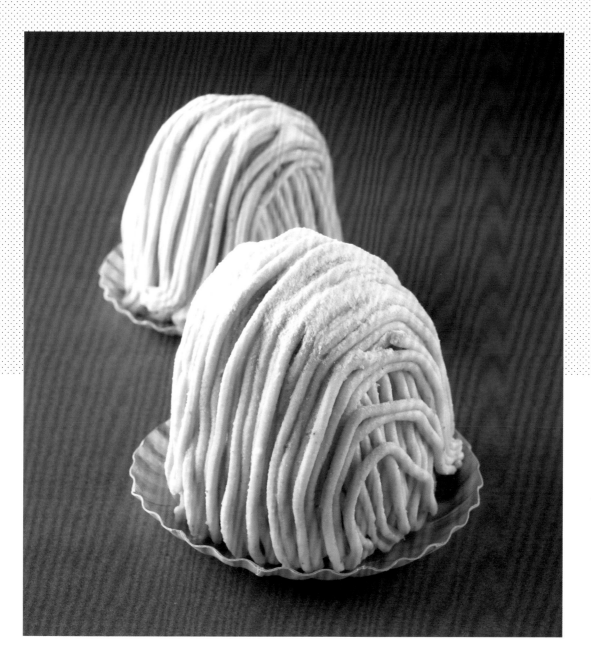

安食雄二甜點店的定番款甜點 — 和栗蒙布朗

Mont-blanc au Marron Japonais

....

和栗蒙布朗

這道和栗蒙布朗使用熊本縣生產的栗子，是季節限定商品。每年一到栗子產季，店裡總是立刻進貨，趁著栗子新鮮時製作蒙布朗，一旦栗子使用完畢，商品也就結束販售。雖然隨著產季變化有所不同，但上市日期約莫在10月中旬到年底。「以機器混合兩種栗子餡的同時，為了讓栗子香氣更能散發出來，要慢速打發以防止混入過多空氣。」安食主廚說道。在這道食譜裡使用的鮮奶油，如果乳脂含量過高，會使栗子餡變得太硬，因此使用乳脂含量35％的鮮奶油。而為了讓和栗的風味更為明顯，底座使用的是不含麵粉、口感清爽的麵糰。中間包覆著大顆的栗子澀皮煮，入口即能享受滿滿和栗的香氣與滋味，最後再以和三盆糖裝飾點綴。使用日式食材呈現出完美演繹的巧思，令人激賞。

無麵粉海綿蛋糕
Biscuit sans farine

蛋白霜《meringue française》
┌ 蛋白《blancs d' œufs》…32.6g
└ 細砂糖《sucre semoule》…25.5g
杏仁粉《amandes en poudre》…102g
細砂糖《sucre semoule》…76.3g
發酵奶油《beurre》…40.5g
全蛋《œufs entiers》…153.5g

白巧克力甘納許
Ganache blanche

白巧克力（法芙娜「IVOIRE」）
《chocolat blanc》…60g
鮮奶油（乳脂含量40%）
《crème fraîche 40% MG》…600g
脫脂奶粉《lait écrémé en poudre》…13.2g

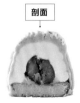

剖面

由下往上依序為無麵粉海綿蛋糕、
卡士達醬、和栗澀皮煮、白巧克力
甘納許、和栗鮮奶油。

和栗鮮奶油
Crème chantilly au marron japonais

和栗餡《pâte de marrons japonais》*¹…960g
鮮奶油（乳脂含量35%）
《crème fleurette 35% MG》…300g

＊1 和栗餡混合了糖分32%及16%兩種。糖分16%的和
栗餡請先以濾網過篩（以木杓下壓）後再使用。

組合・裝飾
Montage, Décoration

卡士達醬《crème pâtissière》*²…適量
和栗澀皮煮《compote de marrons japonais》…20粒
和三盆糖《sucre roux／wasanbon》…適量
糖粉《sucre glace》…適量

＊2 卡士達醬的材料・作法參照p.30。

和栗餡混合了糖分32%及16%兩種。不使用鮮奶油而直接混合
兩種含糖量不同的栗子餡，不但不影響栗子的質感及風味，還
能降底甜度。

作法

無麵粉海綿蛋糕
Biscuit sans farine

❶ 電動攪拌機的鋼盆裡放入蛋白、細砂糖，啟動機器攪拌
打發成蛋白霜（參照p.34）。
❷ 步驟①進行的同時，在食物調理機內放入杏仁粉、細砂
糖、奶油，然後慢慢少量多次倒入已打散的全蛋，同時
攪拌均勻。
❸ 待所有蛋液都加入並攪拌完成後，倒入調理盆內。
❹ 把步驟①的蛋白霜加入步驟③的調理盆內，以矽膠刮刀
仔細拌勻，同時調整質地使其平均。
❺ 把步驟④的材料填入擠花袋內，擠在直徑6cm、深2cm
的模型裡。
❻ 放入已預熱至180℃的旋風烤箱內，開啟烤箱氣門，烘
烤約15分鐘。出爐後脫去模型，把烘烤顏色較深的面朝
上，置於托盤上，以保鮮膜加蓋防止乾燥，再放入冰箱
冷藏。

白巧克力甘納許
Ganache blanche

調理盆裡放入白巧克力，隔水加熱融化，再加入煮沸後的
鮮奶油，以打蛋器攪拌促進乳化。盆底浸入冰水冷卻後，
放入冰箱冷藏靜置一晚。隔天從冰箱中取出，和脫脂奶粉
混合，以電動攪拌機打至五分發，即舀起後呈一直線滴落
盆內的狀態。盆底浸入冰水，要使用前再以打蛋器手動打
至九分發（舀起後前端呈尖角狀）。

和栗鮮奶油
Crème chantilly au marron japonais

❶ 在電動攪拌機的鋼盆裡放入和栗餡，機器裝上勾狀攪
拌頭，攪拌至和栗餡變得柔軟為止。為了保有栗子的
濃郁香氣及口感，攪拌過程不要混入過多空氣，以慢
速進行。

❷ 步驟①的和栗餡裡加入鮮奶油，如同要把和栗餡的質
感調得稀一點，繼續混拌。

❸ 混拌結束後的狀態如圖。倒入調理盆內，放入冰箱冷
藏靜置一晚。

組合・裝飾
Montage, Décoration

❶ 在無麵粉海綿蛋糕的中央，擠入少許的卡士達醬，然
後放上1顆和栗澀皮煮。栗子先切成8等分，以方便食
用。

❷ 白巧克力甘納許填入裝有直徑1.2cm圓形花嘴的擠花
袋內，在步驟①的和栗澀皮煮周圍以螺旋狀擠出，把
栗子包覆起來。

❸ 在小田卷蒙布朗擠條機內裝入和栗鮮奶油，縱向擠出
鮮奶油，在步驟②的蛋糕上方加上細長形的和栗鮮奶
油。轉90度方向後再次擠出鮮奶油，以和栗鮮奶油包
覆白巧克力甘納許。

❹ 將和三盆糖及糖粉以相同比例混合，以篩網從上方灑
下即完成。

Mille-crêpes au Marron Japonais

....

和栗千層派

以可麗餅的餅皮配上外交官奶油醬，重疊無數次後完成的「千層派蛋糕」，是安食雄二甜點店內的暢銷商品。這系列熱賣商品，也推出了秋季限定的和栗口味──麵糊裡加入栗子粉，夾入栗子醬層疊，徹頭徹尾地展現栗子滋味。栗子醬使用的是香氣濃郁的和栗餡，而為了使其風味能完整呈現，只以基本的打發鮮奶油作搭配。無論是可麗餅的麵糊或栗子醬，都完全不添加香草，僅以「栗子」作為唯一的調味。花許多時間混合麵粉及蛋液，質地細緻、富有彈性的可麗餅皮，也是這款蛋糕的美味關鍵。烤得焦薄的餅皮層疊出超過三十層的精緻千層，彈牙的口感，以及蛋糕裡蘊藏的栗子香氣，都是其獨特魅力之所在。

栗子可麗餅
Pâte à crêpes au marron

全蛋《œufs entiers》…193g
牛奶A《lait》…255g
細砂糖《sucre semoule》…58g
鹽《sel》…6.5g
中筋麵粉《farine de blé mitadin》…272g
栗子粉《marrons en poudre》…130g
牛奶B《lait》…384g
融化奶油《beurre fondu》…41g

和栗鮮奶油
Crème chantilly au marron japonais

和栗餡《pâte de marrons japonais》…850g
濃縮牛奶（乳脂含量8.8%）《lait 8.8% MG》…160g
鮮奶油A（乳脂含量35%）《crème fleurette 35% MG》…288g
鮮奶油B（乳脂含量45%）《crème fraîche 45% MG》…288g

和栗餡加上兩種不同的鮮奶油、濃縮牛奶混合，不但能降底甜度，也能調拌出保有栗子原始風味的栗子醬。

Mille-crêpes
千層派

在烤得薄透的原味可麗餅之間，塗上混合了卡士達醬與打發鮮奶油的外交官奶油醬。千層派是安食主廚最得意的作品之一，最初是受到委託而製作千層派，但也藉由此機緣，親自研究可麗餅皮的風味及口感，最後終於成功開發出屬於個人風格的食譜。

栗子可麗餅
Pâte à crêpes au marron

❶ 調理盆裡打入全蛋後,以打蛋器打散成蛋液,再加入牛奶A後,混合拌勻。再加入已事先混合好備用的細砂糖及鹽,以打蛋器攪拌均勻。

❷ 換成手持式電動攪拌機,仔細攪拌、切斷蛋筋,直到蛋液完全呈液態。

❸ 另取一個調理盆,把中筋麵粉及栗子粉混合、過篩入盆。一邊轉動調理盆,一邊以刮板把粉類刮向盆緣磨擦,由盆底向上撥散粉末。翻動粉末的高度約為調理盆的2/3高,中央(盆底)部分會呈現空洞狀。

❹ 在步驟❸的粉類中央倒入步驟❷的蛋液,以打蛋器從中央向外畫圓般,慢慢地把周圍的粉末攪進來,使蛋液和粉末混合在一起。為了作出質地細緻、麵筋完美成形的麵糊,一定要慢慢讓粉末和蛋液結合,然後每次攪拌都仔細地進行,不疾不徐地花一點時間製作麵糊。

❺ 一開始質地會很鬆散,漸漸地就會產生黏性,最後有如把周圍的粉末向中間吸附的質感。

❻ 隨著黏性增加,把粉末向中間吸附的力道也會增強,等黏性增加到一定程度、質地變得黏著沉重後,便開始以搖晃盆邊的方式,把粉末向中間集中並攪拌。

❼ 待盆內材料大致混合均勻後,便可以使用較大力道,用力攪拌。

❽ 完成後的麵糊質感均一,具有黏性,舀起滴落時看得出來相當濃稠。從步驟❹攪拌至這種狀態所需要的時間約8分鐘。

❾ 把牛奶B分成4次倒入步驟❽的調理盆內。前2次都加入少量,然後仔細以打蛋器拌勻,讓牛奶被吸收。第3次開始就是以牛奶調整濃度的概念,每次倒入牛奶後都要仔細攪拌均勻,確定沒有殘留麵糊結塊。

❿ 把加熱至50至60℃的融化奶油放入另一個調理盆內,加入1/5分量的步驟❾麵糊,以打蛋器仔細攪拌直到完全乳化為止。混合完成後,再次加入1/5分量的步驟❾麵糊。為了製作出質地均勻的麵糊,這個步驟一定要仔細混合拌勻乳化。

⓫ 將步驟❿麵糊倒回步驟❾的調理盆內,拌勻。

⓬ 過濾步驟⓫的麵糊,最後完成的麵糊是流動順暢且充滿光澤的質感。

⓭ 裝麵糊用的容器先將底部浸入冰水,倒入麵糊後溫度控制在18℃左右。麵糊不需要靜置,糊化完成後立即可以烘烤。由於可麗餅烤盤的周圍溫度也很高,為了讓麵糊溫度保持在18℃上下,整個過程都將容器底部浸入冰水。

⓮ 可麗餅烤盤溫度設定在200至250℃,以杓子舀取約7分滿的麵糊(約50cc)倒在烤盤中央,以可麗餅木刮刀旋轉360℃,推出薄薄的圓形(溫度請視可麗餅烤盤的功能、麵糊的狀態、烘烤的習慣調整)。

⓯ 底面烤至喜好的程度後翻面。

⓰ 翻面後等待一下,即可將可麗餅移至鋪有保鮮膜的網架上。可麗餅烤盤以廚房紙巾擦拭過,再次倒入麵糊以同樣方式烘烤,完成後的可麗餅就置放在前一片上方,重複這個步驟直到麵糊用完為止。圖中的可麗餅約為1mm厚,總共層疊40片左右。

和栗鮮奶油
Crème chantilly au marron japonais

❶ 調理盆裡放入和栗餡，加入濃縮牛奶。
❷ 以木杓仔細攪拌，混合均勻。
❸ 在步驟②的材料內一口氣加入兩種鮮奶油。
❹ 把盆底浸入冰水，同時以打蛋器攪拌，混合均勻。
❺ 待全部攪拌均勻後，盆底依舊浸著冰水，以打蛋器打至七分發，即滴落的鮮奶油能在盆內劃出線條的狀態。打發完成後，立刻塗抹在可麗餅皮上。

組合
Montage

❶ 取1片栗子可麗餅放在旋轉台上，餅皮中央放上以打蛋器舀起的少許和栗鮮奶油（約2大匙）。
❷ 以抹刀推開鮮奶油成平均厚度，夾層的鮮奶油可依喜好增減分量。
❸ 在步驟②的可麗餅上再放上1片可麗餅皮，和步驟②相同地塗上和栗鮮奶油。之後重覆相同步驟，總共堆疊幾層可視個人喜好調整。圖中為34層可麗餅，加上和栗鮮奶油總共67層。
❹ 疊上最後一片可麗餅後，邊緣以保鮮膜貼緊密合，在冰箱冷藏靜置一晚後再取出切開享用。

I am your
Pâtissier Yuji
Riji

Tarte Citron,
Caramel, Poire
....

檸檬焦糖洋梨塔

光看外表覺得和普通的檸檬塔沒什麼不同，但內藏驚喜。
以叉子撥開的瞬間，中間濃稠的鹹味焦糖奶油、飽含水分
的香煎洋梨、海綿蛋糕、充滿洋梨白蘭地香氣的卡士達
醬，便一一地展現出來。這是一道結合了檸檬、焦糖、洋
梨的進化版檸檬塔。以檸檬塔為基底，在清爽酸味的檸檬
醬上，有著兩倍分量的義式蛋白霜，是一道相當受歡迎的
甜點。檸檬醬是由酸奶油及重乳脂鮮奶油混合而成；而以
水果塔模型烘烤而成的蛋糕底座裡，則混合了杏仁粉。擠
上蛋白霜時使用的是聖多諾黑花嘴，時髦的外形也令人過
目難忘。

材料 （直徑7cm的水果塔模形10個分）

杏仁甜派皮
Pâte sucrée aux amandes

（以下列分量製作，使用適量）
發酵奶油《beurre》…150g
糖粉《sucre glace》…94g
鹽《sel》…1g
全蛋《œufs entiers》…43g
香草莢《gousse de vanille》…適量
低筋麵粉《farine de blé tendre》…243g
杏仁粉《amandes en poudre》…39g

檸檬奶油醬
Crème au citron

全蛋《œufs entiers》…58g
蛋黃《jaunes d'œufs》…35g
細砂糖《sucre semoule》…12g
酸奶油《crème aigre》…64g
重乳脂鮮奶油《crème double》…20g
檸檬汁《jus de citron》…64g
發酵奶油《beurre》…28g

鹹味焦糖
Caramel salé

細砂糖《sucre semoule》…100g
麥芽糖《glucose》…67g
發酵奶油《beurre》…57g
鮮奶油A（乳脂含量35%）《crème fleurette 35% MG》…113g
鹽《鹽之花》《sel》…0.5g
吉利丁《feuilles de gélatine》…1.3g
鮮奶油B（乳脂含量45%）《crème fraîche 45% MG》…10g

組合・裝飾
Montage, Décoration

洋梨《poires》…2個
義式蛋白霜《meringue italienne》
…以下列分量製作，使用適量
⌈ 細砂糖《sucre semoule》…300g
│ 水《eau》…90g
⌊ 蛋白《blancs d'œufs》…150g
海綿蛋糕《pâte à génoise》*1…適量
卡士達醬《crème pâtissière》*2…適量
洋梨白蘭地（Poire Williams）
《eau-de-vie de poire Williams》…適量
糖粉《sucre glace》…適量

＊1 海綿蛋糕的材料・作法參照p16。
＊2 卡士達醬的材料・作法參照p.30。

Tarte Citron
檸檬塔

杏仁風味的底座，配上強調酸味及香氣的兩種奶油醬。這款檸檬塔經過烘烤的部分口感酥脆、中間則是柔軟綿密的義式蛋白霜。由於是經典中的經典，無論是水果塔本身的造型，或是擠上蛋白霜的呈現手法，都經過細細思量，整體視覺效果相當時髦有個性。

剖面

左邊是以檸檬醬、鹹味焦糖、海綿蛋糕、香煎洋梨所層層堆疊起來的「檸檬焦糖洋梨塔」。右邊則是擠滿大量檸檬醬的「檸檬塔」。

作法

杏仁甜派皮
Pâte sucrée aux amandes

麵糰的作法參照p.18。派皮擀成3mm厚度的長方形，以直徑10cm的慕絲圈形壓形備用。派皮放入水果塔模型內，轉動模型同時以姆指下壓，使派皮跟模型密合以防止空氣進入。派皮黏合模型後，高度會比模型高出約7mm，放入冰箱靜置冷藏。冷藏過後的派皮會縮緊，高度會變成比模型多5mm，高出的部分以抹刀切除。模型放在烤盤內，放入預熱至150℃的旋風烤箱，開啟烤箱氣門烘烤25至30分鐘。烤上色後，刷上混入適量冷水的蛋黃液（分量外），再烘烤6至7分鐘，出爐備用。

安食雄二甜點店的定番款甜點 ／ 檸檬焦糖洋梨塔

檸檬奶油醬
Crème au citron

❶ 調理盆裡放入全蛋及蛋黃，以打蛋器打散後加入細砂糖，混合均勻。

❷ 另取一個調理盆，放入酸奶油、重乳脂鮮奶油，以打蛋器輕輕拌勻。把步驟①的材料分成4至5次加入，同時持續攪拌直到質地變得柔滑細緻。

❸ 混合好後，加入檸檬汁，同時以打蛋器混拌均勻。

❹ 奶油在另一個調理盆內隔水加熱融化後，倒入少許步驟③的材料，以打蛋器拌勻後，再倒回步驟③的調理盆內，全部攪拌混合成柔滑細緻的狀態。

❺ 最後再以手持式電動攪拌器混合約30秒，徹底乳化。

❻ 以濾網過濾後備用。檸檬醬要提早一天準備，經過冰箱冷藏一晚後才能使用。

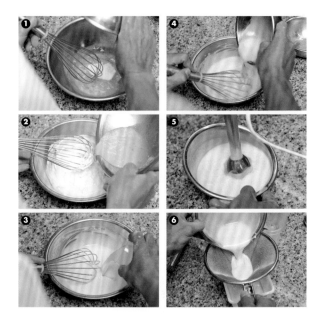

鹹味焦糖
Caramel salé

❶ 鍋裡放入細砂糖，以火加熱至砂糖融化成黃色後，加入麥芽糖，以木杓攪拌均勻。

❷ 溫度達到180至190℃（糖呈金黃色）時即可熄火，把奶油分成3至4次加入。每次加入時都以木杓仔細拌勻。

❸ 鮮奶油A加熱至50至60℃，分成3至4次加入步驟②鍋內，每次加入都以木杓仔細拌勻。混合完成後應為質地清爽的深色液體，富有光澤。溫度則以90℃左右為最理想。

❹ 將步驟③的焦糖挪開火源，加鹽，持續以木杓攪拌直到鹽完全融化。此處以擀麵棍敲碎鹽之花後加入。

❺ 趁熱過濾步驟④的焦糖。一旦冷卻後就會變硬，所以一離開火源後請快速俐落地進行。

❻ 將以分量外的水浸泡過，並且擰去多餘水分的吉利丁片，加入步驟⑤的焦糖內，同時以矽膠刮刀仔細拌勻，使吉利丁片融化。

❼ 加入溫熱至30℃左右的鮮奶油B，最後以矽膠刮刀拌勻。

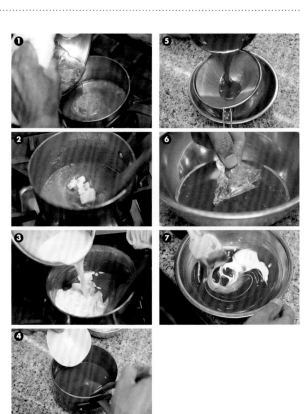

組合・裝飾
Montage, Décoration

❶ 將靜置一晚的檸檬奶油醬，倒入已烤好備用的杏仁甜派皮內至八分滿，放入旋風烤箱以140℃烘烤6至8分鐘。

❷ 圖為出爐後的狀態。由於檸檬奶油醬分量不多，注意不要烤焦。如果先把派皮溫熱，能再縮短烘烤時間。

❸ 在等待步驟①的塔烘烤完成時，同時準備香煎洋梨。洋梨不需去皮可直接使用，去除種籽後切成12等分。

❹ 平底鍋裡放入足量奶油（分量外）後加熱，加入步驟③的洋梨。煎炒洋梨，使每一面（包含帶皮面）都沾裹奶油，徹底加熱。為了使加熱平均，此處使用可以設定溫度至200℃的電磁爐。煎好後放入冰箱冷藏。

❺ 把步驟②的塔從烤箱內取出，放涼至不燙手的程度後，倒入鹹味焦糖滿至派皮邊緣，再放入冰箱冷藏。

❻ 在等待步驟⑤的塔冷卻時，製作義式蛋白霜（參照p.35）。

❼ 把切成5mm厚的海綿蛋糕，以直徑6cm的慕絲圈壓形備用。海綿蛋糕也可以使用剩餘的蛋糕邊。

❽ 將步驟⑦的海綿蛋糕，蓋在步驟⑤的塔上。

❾ 在步驟⑧的塔上擺放步驟④的洋梨，果皮朝外，各放2片。

❿ 卡士達醬混入洋梨白蘭地後拌勻，裝入附有直徑7mm圓形花嘴的擠花袋內，擠在步驟⑨的塔中央成圓形。

⓫ 在步驟⑩的塔上方，同步驟⑦方式放上一片圓形的海綿蛋糕。

⓬ 擠上步驟⑥的義式蛋白霜，覆蓋住海綿蛋糕的表面。使用聖多諾黑花嘴。

⓭ 在步驟⑫的塔上方以細篩網灑下糖粉。

⓮ 放入旋風烤箱內，開啟烤箱氣門，以220℃烘烤1分鐘左右，然後對調烤盤的前後方向，再烤1分鐘（烘烤時間共計2分鐘）。待蛋白霜呈現漂亮的色澤即完成。

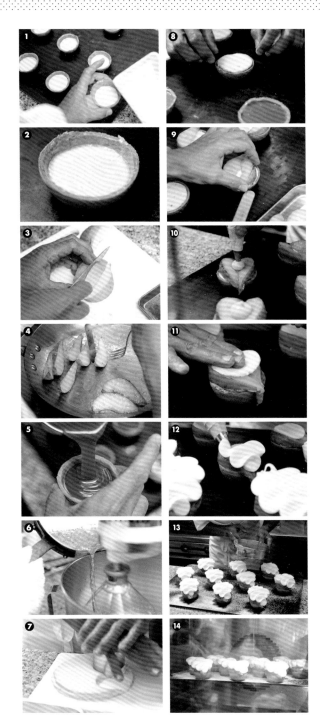

Tarte Linzer aux Raisins, Figues, Cassis

....

葡萄無花果
黑醋栗林茲蛋糕

林茲蛋糕的發源地是奧地利的林茲，早於17世紀便已存在，是相當具有歷史的知名甜點。各個甜點師當然有不同的作法，最基本的作法是在加入了杏仁粉與肉桂的麵糰底座塗抹覆盆子果醬，再將與基底相同的麵糊擠上成格子狀後烘烤而成。原本的林茲蛋糕是口感相當扎實的大型甜點，安食主廚的作法是在保有傳統風格的同時，將林茲蛋糕變身成小型的精緻點心。底部和側面是塗成薄層且帶有肉桂風味的林茲麵糰，夾心則是混合了肉桂的杏仁奶油與酒漬無花果乾，再加上酸酸甜甜的黑醋栗果醬，最上層擠上了杏仁奶油後烘烤而成。蛋糕裝飾則大量使用了起司奶油醬及「長野紫（Nagano Purple）」葡萄，演繹出古典甜點的現代風格。

材料（直徑15cm、高4cm的圓形模型2個分）

林茲麵糰
Pâte à Linzer

蛋黃《jaunes de œufs》…8個
（全蛋煮熟後，剝去蛋白）
發酵奶油《beurre》…280g
杏仁粉《amandes en poudre》…50g
糖粉《sucre glace》…60g
蘭姆酒《rhum》…14g
低筋麵粉《farine de blé tendre》…300g
肉桂粉《cannelle en poudre》…4g
泡打粉《levure chimique》…1.5g

肉桂杏仁奶油
Crème d'amandes à la cannelle

發酵奶油《beurre》…200g
糖粉《sucre glace》…200g
肉桂粉《cannelle en poudre》…8g
全蛋《œufs entiers》…190g
杏仁粉《amandes en poudre》…200g

起司奶油醬
Crème au fromage

奶油起司A（丹麥產「Buko」）
《fromage à la crème Buko》…130g
奶油起司B（法國產「Kiri」）
《fromage à la crème Kiri》…50g
酸奶油《crème aigre》…15g
煉乳（無糖）《lait concentré non sucré》…24g
細砂糖《sucre semoule》…8g
鮮奶油（乳脂含量45%）
《crème fraîche 45% MG》…189g

酒漬無花果乾
Figues séches marinée

（以下記分量製作，使用適量）
黑無花果乾《figues noires séchées》…500g
紅酒《vin rouge》…250g
黑醋栗甜酒《crème de cassis》…25g

黑醋栗果醬
Confiture de cassis

（以下記分量製作，使用適量）
黑醋栗（冷凍）《cassis surgelées》…500g
細砂糖《sucre semoule》…250g
酒漬無花果乾液
《marinade de figue séchée》…適量

組合・裝飾
Montage, Décoration

葡萄《raisins》…適量
（長野紫或巨峰這類的大型葡萄）
鏡面醬* 《glaçage》…適量

＊鏡面醬的作法（便於操作的分量）

寒天粉《agar-agar en poudre》…32g
水《eau》…3600g
細砂糖《sucre semoule》…720g
麥芽糖《glucose》…800g
鍋裡放入寒天粉與水後煮至融化。加入細砂糖煮沸後，再加入麥芽糖融化即可。

安食雄二甜點店的定番款甜點／葡萄無花果黑醋栗林茲蛋糕

作法

酒漬無花果乾
Figues séches marinée

容器裡放入黑無花果乾，再加入紅酒及黑醋栗甜酒。以保鮮膜加蓋（緊密貼合表面），靜置24小時以上。

黑醋栗果醬
Confiture de cassis

冷凍黑醋栗加入細砂糖拌勻，置於室溫下解凍。倒入銅盆裡，加入酒漬無花果乾的醃漬液後，以火加熱，煮至糖度62%。黑醋栗在加熱之前，若先以打蛋器攪拌壓碎更好。

林茲麵糰
Pâte à Linzer

❶ 蛋黃放在篩網內,以木杓下壓過篩。
❷ 調理盆裡放入已回至室溫的奶油,以木杓輕拌加入過篩後的蛋黃,整體攪拌均勻。
❸ 杏仁粉與糖粉混合後過篩,加入步驟②的調理盆內。一邊轉動調理盆的邊緣,一邊以木杓從盆底向上翻舀,徹底混合拌勻。
❹ 加入蘭姆酒,以木杓混合均勻。
❺ 低筋麵粉、肉桂粉、泡打粉混合過篩,再加入步驟④的調理盆內,以矽膠刮刀切拌混合均勻。
❻ 待粉末完全消失後,以刮板磨擦盆邊的手法,使整個麵糰徹底結合均勻。
❼ 移至OPP膜(或保鮮膜)上,雙手沾上手粉後輕拍麵糰,整形成厚度約1.5cm的正方形。上方也加上OPP膜,整理好形狀後放入冰箱冷藏靜置一晚。

肉桂杏仁奶油
Crème d'amandes à la cannelle

❶ 奶油回至室溫後,放入調理盆內以打蛋器攪拌成具有光澤感的美奶滋狀。
❷ 加入糖粉及肉桂粉,攪拌均勻至產生黏性。
❸ 打散好的全蛋液分成5至6次慢慢加入,每次加入後都以打蛋器攪拌均勻。
❹ 加入已過篩的杏仁粉,一邊轉動調理盆,一邊以傾斜角度使用矽膠刮刀,切拌均勻。
❺ 待杏仁奶油攪拌至沒有多餘空氣且整體融合均勻的狀態後,放入冰箱冷藏1小時以上。

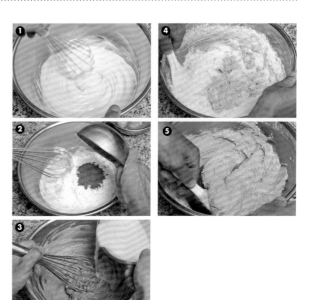

起司奶油醬
Crème au fromage

❶ 電動攪拌機的鋼盆裡放入兩種奶油起司及酸奶油，裝上勾狀攪拌頭，以慢速攪拌。待整體混合均勻後，先暫時停下機器，把鋼盆內側周圍及攪拌頭上沾附的奶油起司撥回盆內，混合拌勻。

❷ 步驟①的材料裡加入已事先混合好的煉乳及細砂糖，再次以慢速攪拌。

❸ 待整體混合拌勻後，再次暫時停下機器，把鋼盆內側周圍及攪拌頭上沾附的奶油起司撥回盆內。由於接觸到攪拌頭的部分與未接觸攪拌頭的部分，會有混合程度不同的情形發生，所以為了隨時保持讓奶油起司能夠混合平均，必須不厭其煩地重複「停下機器、撥回材料」的動作，直至整體質地均勻為止。

❹ 加入鮮奶油，再次啟動機器攪拌。

❺ 漸漸地盆內的材料會產生光澤及黏稠性，接著變得柔滑細緻（如圖），此時把鋼盆從機器上卸下，以手動方式調整攪拌。以打蛋器摩擦鋼盆底部，不要打入空氣，整體混合拌勻。

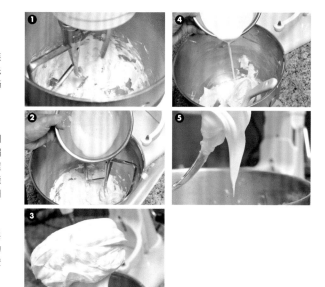

組合‧裝飾
Montage, Décoration

❶ 把已靜置一晚後的林茲麵糰擀成厚度5mm，以直徑15cm的慕絲圈壓形，剩下的麵糰切成2.5cm x 47cm的長條狀，各準備2片。烤盤裡放入烘焙墊，再放上慕絲圈。把剛才切成圓形的麵糰放入慕絲圈內，長條狀麵糰則沿著慕絲圈內側貼好，底部麵糰以叉子打出小洞。

❷ 從冰箱內取出肉桂杏仁奶油，以木杓輕輕拌開，裝入附有直徑1cm圓形花嘴的擠花袋內，從中心向外採旋渦狀擠出。擠出的杏仁奶油分量，每個慕絲圈約120g。

❸ 酒漬無花果乾縱向對半切開，切面朝上整齊排列在杏仁奶油上方。為了避免產生空隙，將無花果略為傾斜、彼此間稍稍重疊，從外側向內以旋渦狀方式整齊排列。酒漬無花果乾以濾網瀝去多餘水分後，再以微波爐加熱至40℃左右。藉由這個動作可以在接下來烘烤時，更快速地讓中央位置烤透。

❹ 於步驟③的材料上方塗抹黑醋栗果醬，稍微有點不均勻也無妨。

❺ 於步驟④的材料擠上肉桂杏仁奶油，覆蓋表面。擠出的量比照步驟②，每一個約120g。

❻ 放入150℃的旋風烤箱內，開啟烤箱氣門，先烤25分鐘後，對調烤盤前後位置再烤25分鐘，視上色狀況而定，若有必要再加烤10分鐘。總烘烤時間約為50分鐘至1小時。出爐後脫離模型，置於網架上，於室溫下放涼至不燙手的程度。

❼ 在裝有直徑9mm圓形花嘴的擠花袋內填入起司奶油醬，在已散熱後的林茲蛋糕表面上，由內而外以旋渦狀擠上。

❽ 以麵包刀切成8等分，再放上縱向對切後的葡萄裝飾。以刷子在葡萄上刷上鏡面醬後即完成。

安食雄二甜點店的定番款甜點／葡萄無花果黑醋栗林茲蛋糕

Kardinal schnitten

....

樞機主教蛋糕

這是一道維也納的傳統糕點,其德文名稱中的Schnitten除了有「切開」之意,也指相對於圓形蛋糕,是外形偏向四方形的糕點。而「樞機主教」則是來自蛋糕的主要顏色,也是天主教的代表顏色黃與白。黃色部分是使用較多蛋黃的海綿蛋糕,白色部分則完全不含任何粉類,僅僅使用以蛋白及細砂糖所完成的蛋白霜。蛋糕口感輕盈細緻,但形狀容易隨著時間塌陷,是製作難度較高的甜點。如何製造出輕盈口感,又能保持形狀不變,是這款蛋糕的關鍵。在兩片海綿蛋糕中間,作為夾心的是,混合了白巧克力的咖啡奶油醬,輕盈的口感,搭配咖啡及肉桂交織出的香氣,相當迷人。

材料（37cm×8cm的蛋糕1個分）

樞機主教蛋糕體
Kardinal massé

蛋白霜《meringue française》
┌ 細砂糖《sucre semoule》…95g
│ 乾燥蛋白粉《blancs d'œufs séchés》…4g
└ 蛋白《blancs d'œufs》…138g
海綿蛋糕《pâte à génoise》
┌ 全蛋《œufs entiers》…100g
│ 蛋黃《jaunes d'œufs》…34g
│ 細砂糖《sucre semoule》…25g
│ 乾燥蛋白粉《blancs d'œufs séchés》…1g
└ 低筋麵粉《farine de blé tendre》…25g
糖粉《sucre glace》…適量

咖啡奶油醬
Crème au café

白巧克力（法芙娜「IVOIRE」）《chocolat blanc》…30g
鮮奶油A（乳脂含量40%）《crème fraîche 40% MG》…50g
鮮奶油B（乳脂含量40%）《crème fraîche 40% MG》…250g
即溶咖啡《café soluble》…3.5g
肉桂粉《cannelle en poudre》…適量

組合・裝飾
Montage, Décoration

糖粉《sucre glace》…適量

上圖為蛋白霜，下圖為海綿蛋糕的材料。雞蛋使用蛋黃顏色濃郁的「那須御養卵」。由於都是容易塌陷的結構，所以皆需要使用乾燥蛋白粉。

安食雄二甜點店的定番款甜點／樞機主教蛋糕

作法

樞機主教蛋糕體
Kardinal massé

❶ 製作蛋白霜（參照p.34）。打發至舀起時前端呈挺立的尖角狀、質地細緻、狀態穩定為止。
❷ 在步驟①打發蛋白霜的同時，準備海綿蛋糕的作業。在電動攪拌機的鋼盆內放入全蛋及蛋黃，以打蛋器輕輕攪拌打散至質地均勻。
❸ 另取一個調理盆放入細砂糖及乾燥蛋白粉，混合均勻後加入步驟②的材料內。把鋼盆裝回機器上，以高速打發。
❹ 攪拌成質地綿密的狀態後，調降一個段速，再攪拌3分鐘，然後再次調降一個段速，再攪拌3分鐘。重複這個步驟，總共調降4個段速，最後以慢速攪拌。漸漸地攪打成質地細緻且柔軟綿密的狀態。
❺ 把步驟④的材料倒入調理盆內，加入已過篩的低筋麵粉，一邊轉動調理盆，一邊以盆底向上翻舀的手法進行混合。最好是一邊倒入麵粉同時攪拌，會需要兩個人聯手。
❻ 混合完成後麵糊應呈光澤感，舀起後呈一直線滴落，且滴落盆內的麵糊痕跡會在幾秒內消失不見為最佳。

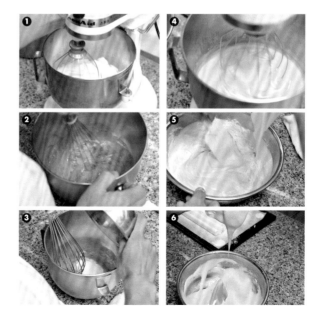

❼ 在海綿蛋糕準備好之前，先把步驟①的蛋白霜擠出備用。在烤箱裡鋪上烘焙紙，配合預計製作的蛋糕大小畫出尺寸（店內使用的是37cm x 8cm的慕絲圈）。在裝有花嘴的擠花袋裡填入蛋白霜，把畫好尺寸的長邊擺在靠近操作者這一側，橫向擠出3條蛋白霜。由於接下來還要在蛋白霜之間擠上海綿蛋糕，所以蛋白霜之間必須要有間隔。當然可以使用圓形花嘴，但為了強調高度，使用特製的半圓形花嘴。

❽ 蛋白霜擠好後，從上方灑下足量的糖粉。

❾ 把海綿蛋糕麵糊填入裝有直徑1cm圓形花嘴的擠花袋內，擠在蛋白霜之間，然後灑上糖粉。

❿ 在步驟⑨的烤盤下方再加一塊烤盤，送入上＆下火皆為180℃的平窯烤箱中烘烤20分鐘。然後打開換氣開關，並且在烤箱門上夾一塊厚紙板製造空隙。烤15分鐘後，取下下層重疊的烤盤，對調烤盤的方向後烤至完成。從開始烘烤後的第18分鐘左右，就要檢查表面烘烤成的顏色，視需要調整溫度強弱。圖為烤好出爐後的狀態。

⓫ 出爐後，將長邊大於37cm的托盤上下翻面，把蛋糕體連同烘焙紙一起移到托盤上。把烘焙紙拉緊，並以夾子固定在托盤上。

⓬ 選一個比蛋糕體高兩倍以上的模型，把托盤翻回正面，使蛋糕體在下面，架在模型上。此時一定要注意別讓模型觸碰到蛋糕體，接著直接放入急速冷凍機降溫。倒轉置放直到冷卻的作法，是為了防止蛋白霜塌陷，同時也可以保持形狀美觀。

⓭ 冷卻完成後，從急速冷凍機內取出，把蛋糕體轉回正面，移除夾子，再放入冰箱冷藏。

咖啡奶油醬
Crème au café

❶ 調理盆裡放入白巧克力後，隔水加熱使之隆融化。把煮沸的鮮奶油A分成6次加入，以打蛋器仔細攪拌徹底乳化。一開始會油水分離，因此少量加入，到第3至4次，盆內已開始融合且有黏性，即可一次多倒一點進入盆內。完成後的狀態應為富有光澤且如美乃滋般的質地。

❷ 於步驟①的材料裡加入鮮奶油B的1/4分量，仔細攪拌均勻。

❸ 把盆底浸入冰水，再倒入剩下所有的鮮奶油，一邊攪拌混合，讓溫度下降至10℃左右。放入冰箱冷藏一晚。

❹ 從冰箱中取出步驟③的材料，加入即溶咖啡及肉桂粉。把盆底浸入冰水，以打蛋器混合拌勻。

❺ 打至九分發，即舀起後前端呈挺立尖角狀。

組合・裝飾
Montage, Décoration

❶ 從冰箱取出樞機主機蛋糕體,把蛋糕朝下放在板子上,取下烘焙紙。

❷ 將咖啡奶油醬填入裝有直徑1cm圓形花嘴的擠花袋內,在其中一塊蛋糕上擠出兩層奶油醬。為了讓蛋糕切開後呈拱狀,所以第一層擠5條,第二層在中央位置擠3條。

❸ 另一塊蛋糕體烘烤面朝上,放在步驟②的蛋糕上。

❹ 以烘焙紙包住蛋糕,像是包壽司時使用的竹簾一樣,調整蛋糕的形狀。只是這款蛋糕並不像蛋糕卷或海苔壽司是圓形的,調整時不要破壞蛋糕原本的形狀。如果重壓,奶油醬會溢出,所以請務必輕壓即可。

❺ 取下烘焙紙,在海綿蛋糕的位置放上棒子等長條物,只將糖粉灑在蛋白霜上。

❻ 以刀子切開成每塊2.7cm厚即完成。

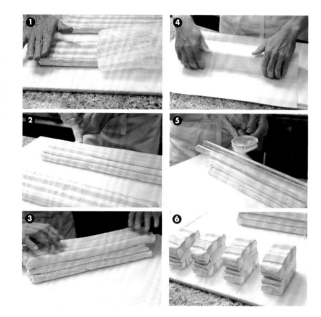

Forêt-noire

....

黑森林蛋糕

黑森林蛋糕是法國亞爾薩斯地區的傳統甜點。最初是來自於鄰國德國的西南部，以蛋糕體、鮮奶油與櫻桃堆疊而成。安食主廚則採用亞爾薩斯式的作法，以雙色奶油醬呈現。正確來說，是參考了Jacques甜點店主廚Gérald Bannwarth的作品結構，底部為濃郁的薩赫蛋糕，上面則是清爽的巧克力層。考量到蛋糕整體的平衡感，因此製作了兩種不同風格的底座。中間的夾層是酸櫻桃果醬及巧克力打發鮮奶油，上層則是打發鮮奶油以及巧克力薄片，整體造型摩登亮眼。如同安食主廚表示「這是一道能夠品嚐到櫻桃利口酒香甜滋味的點心」，作為畫龍點晴捉味之用的櫻桃利口酒底蘊，也絕對不能錯過。

材料（37cm×27cm的蛋糕模型2個分）

薩赫蛋糕
Biscuit Sacher

→參照p.26。

杏仁巧克力海綿蛋糕
Biscuit aux amandes et chocolat

全蛋A《œufs entiers》…825g
細砂糖《sucre semoule》…528g
乾燥蛋白粉《blancs d'œufs séchés》…18g
杏仁膏《pâte d'amandes crue》…413g
全蛋B《œufs entiers》…413g
低筋麵粉《farine de blé tendre》…413g
可可粉《cacao en poudre》…163g
融化奶油《beurre fondu》…248g

巧克力打發鮮奶油
Crème chantilly au chocolat

吉利丁片《feuilles de gélatine》…13g
鮮奶油（乳脂含量35%）《crème fleurette 35% MG》…1520g
黑巧克力
（不二製油「Flor de Cacao Sambirano 07」・可可成分66%）
《chocolat noir 66% de cacao》…324g
牛奶巧克力（法芙娜「JIVARA LACTÉE」・可可成分40%）
《chocolat au lait 40% de cacao》…236g

糖漬酸櫻桃
Compote de griottes

酸櫻桃（冷凍）《griottes surgelées》…3000g
細砂糖《sucre semoule》…900g

組合・裝飾
Montage, Décoration

糖漬酸櫻桃的煮汁
《sirop de compote de griottes》…1000g
櫻桃利口酒《kirsch》…70g
打發鮮奶油《crème chantilly》*1…適量
巧克力薄片《copeaux de chocolat》*2…適量

*1 打發鮮奶油使用乳脂含量42%及35%的鮮奶油，以相同比例混合，加入其分量10%的細砂糖後，打至九分發，即舀起前端呈挺立尖角狀。
*2 利用慕絲圈或類似工具，把巧克力板削成薄片即可。

作法

薩赫蛋糕
Biscuit Sacher

麵糊作法參照p.26。在37cm x 27cm的蛋糕模型裡倒入830g麵糊，放入175℃的平窯烤箱烘烤約30分鐘。

杏仁巧克力海綿蛋糕
Biscuit aux amandes et chocolat

麵糊作法參照p.24。以170℃的平窯烤箱烘烤約40分鐘，切成厚度1cm的薄片後，再配合蛋糕模型的尺寸切去多餘的部分。

巧克力打發鮮奶油
Crème chantilly au chocolat

❶ 調理盆裡放入事先以水（分量外）泡軟後的吉利丁片，隔水加熱使吉利丁片融化。加入稍微打發過的鮮奶油（滴下的鮮奶油痕跡會立刻消失的程度）的1/10分量，盆底直接以爐子小火加熱，仔細攪拌使其徹底融合。

❷ 另取一個調理盆放入兩種巧克力，以隔水加熱方式融化後，加入步驟①以打蛋器仔細攪拌均勻。待整體乳化、質地呈現柔滑細緻的狀態，且溫度到達50℃後即可停止加熱。

❸ 把剩下的鮮奶油分成3次加入。第1次倒入分量的1/5，第2次倒入比第1次多一些的分量，每次加入後都要以打蛋器攪拌均勻。

❹ 鮮奶油全部加完後，一邊轉動盆邊，一邊以矽膠刮刀不破壞氣泡地拌均勻。

糖漬酸櫻桃
Compote de griottes

❶ 把冷凍的酸櫻桃放入調理盆裡，灑上細砂糖，置於室溫下約半天時間，使櫻桃出水。
❷ 以濾網分開果肉和果汁。
❸ 把果汁倒入鍋內，煮至沸騰即可。
❹ 煮沸後（約80℃）倒入果肉，再次加熱至80℃。
❺ 熄火後倒入調理盆內，盆底浸入冰水，以矽膠刮刀攪拌降溫至15℃。倒入容器內，放入冰箱冷藏。

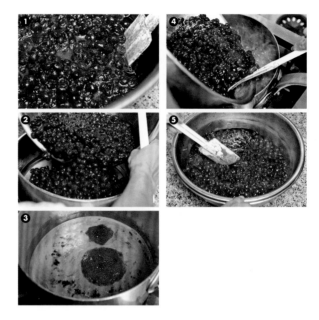

組合・裝飾
Montage, Décoration

❶ 烤好的薩赫蛋糕完全放涼後，脫離蛋糕模型，把烘烤面翻至底面，再次套回蛋糕模型。
❷ 在步驟①的蛋糕上刷上酸櫻桃醬汁。這是將糖漬酸櫻桃裡的果肉濾去後所取得的煮汁，和櫻桃利口酒混合而成。之後也需要刷在杏仁巧克力海綿蛋糕上，使用時請注意分量的分配。
❸ 把杏仁巧克力海綿蛋糕放在托盤上，單面刷上酸櫻桃醬汁。以保鮮膜加蓋後，放入冰箱冷藏。
❹ 把瀝去煮汁的糖漬酸櫻桃果肉，緊密地鋪在步驟②的薩赫蛋糕上。
❺ 把巧克力打發鮮奶油倒在步驟④的蛋糕上，以刮板刮平表面。
❻ 從冰箱內取出杏仁巧克力海綿蛋糕，刷有醬汁的面朝下，加在步驟⑤的蛋糕上。
❼ 在上面刷上酸櫻桃醬汁後，放入冷凍庫冰鎮固形。
❽ 從長邊切開成寬度7.4cm的長條形後，以保鮮膜包覆，放入冷凍庫保存。
❾ 在放進蛋糕櫃展示之前，以聖多諾黑花嘴擠上打發鮮奶油。
❿ 切成2.7cm寬，以慕絲圈削出弧形巧克力薄片裝飾即完成。

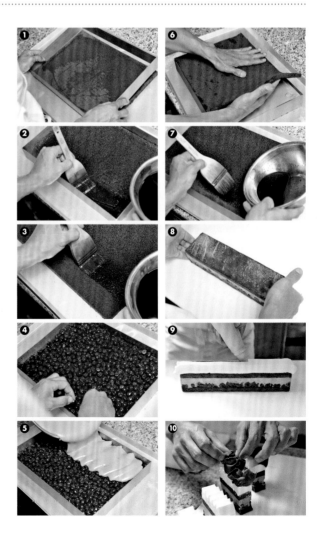

SHOP

······

店面規劃

安食雄二甜點店Sweets Garden Yuji Ajiki於2015年5月開幕。關於店名選用Sweets Garden的理由，安食主廚表示：「我想創造一個擁有許多繽紛甜點，並且空間放鬆舒適的『點心花園』。」不只是整間店的方向，就連店內裝潢的色系及設計皆由安食主廚親自規劃，與室內設計師及建材業者同心協力，最終得以完成。

店舖面積約為34坪，店面及廚房各占一半，約17坪大小的店面空間裡，橫向擺設一整排陳列禮品、巧克力、小點心、生菓子、小蛋糕的展示櫃。店舖的外牆選用有歐洲感的沉穩淺米色，在參考了建築師所提供的龐大色票樣本後，屋簷選用法國傳統色彩之一的開心果綠，而入口處的門框及窗框，則選用了紅鶴玫瑰粉。安食主廚說：「一般的現成粉紅色不能滿足我，最後以網版印刷搭配顏色校正，才創造出我

們的獨家色彩。」入口處正面的櫃子，更以這獨創的粉紅色為基礎，將五扇門都漆成不同的顏色，十分有趣。「主要是希望在簡單且耐看的設計風格之中，融入屬於自己的獨創巧思」，安食主廚的這一番話，也同樣適用在他所設計的甜點上。

以AJIKI的A和YUJI的Y所組合而成的品牌LOGO，無論從上或下看都是相同的造形。在包裝紙或手提袋上，則可以看見四個細膩的橙橘色圓形重疊在一起的圖案，是從日本古代七寶文圖樣獲得靈感，所作的原創設計。店舖名片上的插畫、蛋糕卷專用盒上的手寫文字，也全都出自安食主廚之手。除了在展示櫃中的甜點，就連店舖本身的細節，處處都能看見安食主廚的個人風格。

位處綠意盎然的公園前方。無論是窗戶或入口處，外觀設計的靈感來自歐洲的店面風格。門口鮮明的粉紅色令人印象深刻。

新鮮甜點、半烘烤甜點、巧克力陳列櫃，在店內橫向排列開來。在新鮮甜點的展示櫃上也擺有約10種的花式麵包。

在店內中央位置的牆上所裝飾的LOGO，其中一部分以及AJIKI的A，鑲有思華洛世奇的水晶。

蛋糕卷及舒芙蕾起司蛋糕等「小點心」，為了方便拿取以及讓小朋友容易看見，陳列在開放式展示櫃裡。

入口右手邊所陳列的是烘焙點心類的甜點。如同波浪造形的陳列架也是巧思之一。牆上則以色彩鮮明的畫作及衝浪板裝飾。

店舖名片上印的插畫出自安食主廚之手。畫中女孩的形象靈感則來自於安食主廚所尊敬的表演家──「美夢成真」樂團主唱吉田美和。

廚房中央的工作臺冰箱是安食主廚的固定位置，能夠對廚房內的事物一目瞭然。

KITCHEN

......

廚房

有著明亮自然光的廚房空間約17坪，安食主廚在設計廚房時最重視的，就是動線及機器設備的擺設位置。大型冷藏設備及製作酥皮麵糰所需要的酥皮機，放在離烤箱最遠的地方。工作檯冰箱的位置是最先確定的，搭配其他的工作檯及直立型冰箱，剩下的空間便以訂製的工作檯兼收納櫃加以利用。

如同安食主廚所說：「工作檯冰箱既是冷藏設備，也是工作空間。」可以暫時保存仍在製作過程中的蛋糕，也可以擺放點心出爐後立刻需要使用的配件，以及預先準備好的慕絲或奶油醬以方便取用等等，工作檯冰箱是流暢的作業流程不可或缺的器材。還有冷卻固定布丁時使用的急速冷凍機（Blast Chiller），作為蛋糕保管庫的大型冷凍櫃（Shock Freezer），鮮奶油及奶油所需要的直立式冰箱，依據需求交替使用各式冷凍和冷藏的機器設備。

水槽將中央工作檯夾在中間，在左右兩側牆壁靠中央的位置各有一個。水槽和工作檯是所有工作人員一天往來數次的地方，因此希望不須橫跨廚房、能讓兩者在接近的位置使用。在三台直立式冰箱之中，有一台用於保存展示櫃小蛋糕，而放在廚房的入口處，也是為了不切斷廚房動線，就能隨時補充新鮮甜點到展示櫃所作的安排。

而最為精挑細選且有所堅持的就是烤箱了。尤其是平窯烤箱，在不斷尋找並研究心目中最理想的烤箱之時，遇見了最新型的石窯式烤箱。「一直以來所使用的日本國產烤箱，優點是能確實烤出理想的海綿蛋糕；而法國製的烤箱則適合用於烘烤如麵包或各式派類等，表面較硬且乾燥的產品。石窯式烤箱兼具了兩者的優點，所以是我心目中理想的選擇。」安食主廚如此說道。以過去於其他店鋪工作的經驗，加上親自製作糕點時的種種考量，最理想的廚房終於成形！

❷

烤箱前方即是工作檯，用以製作需要烘烤的甜點。送進烤箱前的準備工作及出爐後的裝飾工作，是在不同的區域進行。

❸

平窯烤箱使用TSUJI-KIKAI的Elegance，是印有YUJI AJIKI x TSUJI-KIKAI文字的特製AJIKI MODEL。

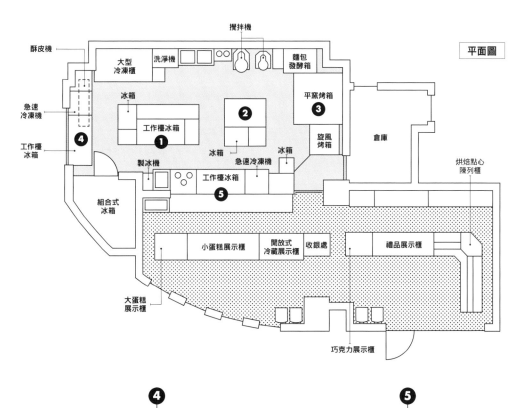

酥皮機

大型冷凍櫃

洗淨機

攪拌機

麵包發酵箱

平面圖

冰箱

急速冷凍機

工作檯冰箱

平窯烤箱 **❸**

工作檯冰箱 **❶**

❷

冰箱

急速冷凍機

冰箱

旋風烤箱

倉庫

製冰機

工作檯冰箱 **❹**

工作檯冰箱 **❺**

組合式冰箱

烘焙點心陳列櫃

小蛋糕展示櫃

開放式冷藏展示櫃

收銀處

禮品展示櫃

大蛋糕展示櫃

巧克力展示櫃

❹

面對公園的西側窗戶設計成開放式。每年5月的開店紀念日，這扇窗戶便會敞開，販賣可麗餅。

❺

廚房與賣場相連的牆壁，也設置大面窗戶，對店內狀況一目瞭然，同時也能掌握展示櫃中蛋糕販售的情形。

CHAPTER

③

Original

安食雄二的原創甜點

蛋糕櫃裡特別吸引客人目光的，
就屬「吉瓦那」、「紅色火山口」這類店內原創的造形甜點，
是一眼就能分辨出是「安食雄二蛋糕」的招牌商品，
當然滋味也相當不同凡響。

Ajiki
WONDERLAND!

安食雄二甜點店的定番款甜點／吉瓦那

Jivara

....

吉瓦那

如名所示，使用法芙娜的牛奶巧克力JIVARA LACTÉE作成甘納許，下面鋪的是不含麵粉的栗子蛋糕，最底部則是巧克力脆餅。栗子蛋糕是安食主廚於日本法芙娜研習時，受到當時擔任公司主廚的Antoine Santos所構想的食譜影響，再經由自己調整後所推出的產品。以大片的巧克力薄片作為外形裝飾，據說是安食主廚在成為甜點主廚之初便有的構想。由於捲成同心圓形狀的巧克力薄片容易融化變形，要以竹籤或手指輕捏後再裝飾於其上。除了巧克力及栗子的黃金組合，藏在優美外形之下的細緻手法，也是品嚐的重點。

栗子蛋糕
Pâte à cake au marron

栗子餡《pâte de marrons》…880g
發酵奶油《beurre》…319g
全蛋《œufs entiers》…149g
蛋黃《jaunes d'œufs》…440g
泡打粉《levure chimique》…18.5g

牛奶巧克力甘納許
Ganache lait

英式蛋黃醬《crème anglaise》
┌ 牛奶《lait》…1000g
│ 鮮奶油(乳脂含量35%)
│ 《crème fleurette 35% MG》…1000g
│ 細砂糖《sucre semoule》…105g
└ 蛋黃(加糖20%)
《jaunes d'œufs 20% sucre ajouté》…508g
吉利丁片《feuilles de gélatine》…22g
牛奶巧克力
(法芙娜「JIVARA LACTÉE」・可可成分40%)
《chocolat au lait 40% de cacao》…1263g
蘭姆酒《rhum》…16g

巧克力脆餅
Feuillantine au chocolat

黑巧克力(法芙娜「CARAÏBE」・可可成分66%)
《chocolat noir 66% de cacao》…198g
堅果醬《praliné》…553g
脆餅《feuillantine》…497g

組合・裝飾
Montage, Décoration

火山口奶油醬《crème Saotobo》*1…適量
可可粉《cacao en poudre》…適量
巧克力薄片《copeaux de chocolat》*2…適量

*1 火山口奶油醬的材料・作法參照p.111、p.113。
*2 利用慕絲圈或類似工具,把巧克力板削成薄片即可。

作法

栗子蛋糕
Pâte à cake au marron

❶ 將冷藏後剝成小塊的栗子餡與奶油,以食物調理機混合均勻。

❷ 把步驟①的材料倒入電動攪拌機的鋼盆內,放入冰箱冷藏一陣子。此時先以矽膠刮刀把鋼盆內的餡料,朝底部及側面按壓,呈現缽狀,有助於快速冷卻。

❸ 把步驟②的鋼盆裝回機器上,以中速攪拌約5分鐘。充分打入空氣,至膨鬆狀。

❹ 在調理盆裡放入全蛋及蛋黃後打散成蛋液,少量多次地倒入步驟③的鋼盆內,攪拌均勻。

❺ 蛋液都倒完後,再加入泡打粉,攪拌均勻。

❻ 將步驟⑤的材料倒入調理盆內,以矽膠刮刀輕拌,調整質地均勻。

❼ 準備2個烤盤,鋪好烘焙紙後放上蛋糕模型,再倒入步驟⑥材料。

❽ 以刮板整平表面。

❾ 放入平窯烤箱以上火・下火皆180℃烘烤約30分鐘。

❿ 出爐後待蛋糕完全冷卻,以水果刀沿著模型邊緣劃一圈後,取下模型,把底面翻至朝上,然後再次嵌回模型。

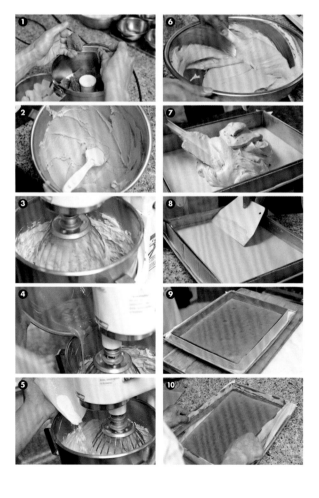

牛奶巧克力甘納許
Ganache lait

❶ 鍋裡放入牛奶與鮮奶油、細砂糖,以中火加熱煮沸後,再加入蛋黃混合,作成英式蛋黃醬。

❷ 步驟①的鍋裡加入以水(分量外)泡軟後的吉利丁片,再以木杓拌勻混合至完全融化。

❸ 鍋底浸入流動的冷水,使溫度降至55℃。

❹ 以濾網過濾,倒進調理盆內。

❺ 另取一個調理盆,隔水加熱融化巧克力後,把步驟④的材料少量多次倒入,每次加入都要仔細拌勻,完全乳化。

❻ 待步驟④的材料全部倒入後,再加入蘭姆酒,混合均勻。

❼ 盆內混合至約8成均勻後,倒入食物調理機內,以真空狀態攪拌。最後成品呈氣泡細小、滑順柔軟的質地。

巧克力脆餅
Feuillantine au chocolat

❶ 調理盆裡放入巧克力,以隔水加熱方式融化,加入堅果醬後以木杓仔細拌勻。

❷ 步驟①的材料裡加入脆餅,仔細拌勻。為了讓巧克力能完整包覆在脆餅上,溫度不要低於30℃。

❸ 準備兩個托盤,分別鋪上OPP膜再放上模型,分別放入620g的步驟②材料。以刮杓和抹刀調整,使材料均勻鋪平在模型內。

組合・裝飾
Montage, Décoration

❶ 在嵌入模型的栗子蛋糕上,分別倒入各1850g的牛奶巧克力甘納許,放入冷凍庫裡冰鎮固定。

❷ 於另一個模型裡的巧克力脆餅餅上塗上火山口奶油醬,把步驟①的栗子蛋糕疊在巧克力脆餅上,長邊切成寬7.4cm的5等分。以保鮮膜包覆,放入冷凍庫保存。放入展示櫃之前再切成每片2.7cm。

❸ 表面擠上少許火山口奶油醬,以灑上可可粉的巧克力薄片裝飾即完成。

Saotobo Rouge

....

紅色火山口

熱賣商品「火山口」誕生的時間是在安食主廚20歲左右。在法芙娜公司的研討會中，經由甜點名家Frédéric Bau所提出的一道食譜開始發酵，再經過多次嘗試錯誤後終於成功的作品。在所有原創商品裡，也是相當出類拔萃，充滿主廚個人風格的甜點。如同名稱，蛋糕的造形就像是不斷噴發出岩漿的火山口般，十分獨特。加入了覆盆子粉的「紅色火山口」，則是在2012年合作的Acacier野登主廚所期望之下誕生。看起來有如岩漿的，是焦糖風味巧克力醬，蛋糕內部則填滿了混合店內自製開心果餡的甘納許。食用之前一定要以微波爐加熱，使中間變軟且入口即化，是主廚的堅持。

材料（ 直徑5.5cm、高5cm的慕絲圈85個分 ）

火山口海綿蛋糕麵糊
Biscuit Saotobo

黑巧克力（ L'OPERA「Legato」・可可成分57%）
《chocolat noir 57% de cacao》…2000g
發酵奶油《beurre》…300g
蛋白霜《meringue française》
┌ 蛋白《blancs d'œufs》…1520g
│ 乾燥蛋白粉《blancs d'œufs séchés》…20g
└ 細砂糖《sucre semoule》…600g
蛋黃《jaunes d'œufs》…320g
低筋麵粉《farine de blé tendre》…220g

火山口甘納許
Ganache Saotobo

開心果《pistaches》…350g
米糠油《huile de riz》…45g
牛奶巧克力A
（ 不二製油「LACTÉE DUOFLORE」・可可成分40%）
《chocolat au lait 40% de cacao》…150g
牛奶巧克力B
（ 法芙娜「JIVARA・LACTÉE」・可可成分40%）
《chocolat au lait 40% de cacao》…200g
帶皮杏仁膏《pâte d'amandes brutes》…45g
鮮奶油（乳脂含量35%）
《crème fleurette 35% MG》…780g
玉米粉《amidon de maïs》…18g
轉化糖《sucre inverti》…24g

火山口奶油醬
Crème Saotobo

焦糖風味的英式蛋黃醬
《crème anglaise au caramel》
┌ 細砂糖《sucre semoule》…275g
│ 牛奶《lait》…1000g
│ 鮮奶油A（乳脂含量35%）
│ 《crème fleurette 35% MG》…1000g
└ 蛋黃（加糖20%）《jaunes d'œufs 20% sucre ajouté》…640g
黑巧克力（不二製油「NOIR RICOFLOR」・可可成分62%）
《chocolat noir 62% de cacao》…1000g
鮮奶油B（乳脂含量35%）
《crème fleurette 35% MG》…600g

組合・裝飾
Montage, Décoration

冷凍乾燥覆盆子粉
《framboises lyophilisées en poudre》…適量
覆盆子《framboises》…適量
巧克力脆餅《feuillantine au chocolat》
…以下記分量製作。作法參照p.109。
┌ 黑巧克力
│ （不二製油「NOIR RICOFLOR」・ 可可成分62%）
│ 《chocolat noir 62% de cacao》…113g
│ 牛奶巧克力
│ （法芙娜「JIVARA・LACTÉE」・可可成分40%）
│ 《chocolat au lait 40% de cacao》…113g
│ 帶皮杏仁膏《pâte d'amandes brutes》…525g
└ 脆餅《feuillantine》…450g
顆粒狀巧克力（法芙娜「Pearl Chocolat」）
《perles chocolat noir》…適量

剖面

以微波爐加熱20秒後，切開瞬間就會像熔岩巧克力蛋糕般，火山口甘納許緩緩流出。

Saotobo
火山口蛋糕

2002年上市便讓安食主廚在全日本一夕成名。基本上作法和「紅色火山口」相同，只是內餡是甘納許和壓碎的烤杏仁、開心果和榛果。

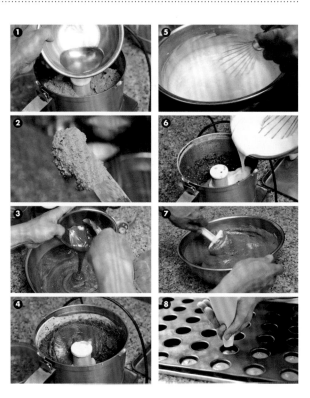

作法

火山口海綿蛋糕麵糊
Biscuit Saotobo

❶ 調理盆裡放入巧克力，隔水加熱融化後，再加入已回至室溫，並且捏成小塊的奶油，混合均勻。

❷ 電動攪拌機的鋼盆裡放入蛋白、事先混合備用的乾燥蛋白粉及細砂糖，將鋼盆裝回機器上，以高速混合攪拌均勻。

❸ 鋼盆底部以瓦斯槍加熱，保持溫度為25℃的同時，攪拌蛋白霜直到快要分離的狀態。加溫是為了之後和巧克力混合時，防止氣泡被破壞消失。

❹ 步驟①的材料裡加入已溫熱至30℃左右的蛋黃，仔細拌勻。

❺ 把一部分步驟③的蛋白霜加入步驟④的調理盆內，以打蛋器稍微攪拌一下。

❻ 低筋麵粉過篩後加入步驟③的鋼盆內，以打蛋器混合拌勻。

❼ 把步驟⑤的材料加入步驟⑥的材料內，以雙手或刮板混合均勻。

❽ 完成後的狀態。由於混合了打至快要分離的蛋白霜，所以麵糊的質感較為粗糙不平滑。

火山口甘納許
Ganache Saotobo

❶ 食物調理機裡放入切成細末開心果後攪拌，中途加入米糠油混勻，完成開心果餡。

❷ 完成後的質感偏粗糙。如果攪拌的時間過長，餡料會因為熱度而失去香氣，要特別注意。

❸ 把兩種巧克力放入調理盆內，隔水加熱融化後，再把步驟②的開心果餡加進來。也加入帶皮杏仁膏，仔細攪拌混合。

❹ 把步驟③的材料倒入步驟②使用的食物調理機裡，把巧克力和堅果類徹底混合。

❺ 調理盆裡放入鮮奶油、玉米粉、轉化糖後，以中火加熱，並以打蛋器持續攪拌直到沸騰。

❻ 把步驟⑤的材料少量多次加入步驟④內，每次加入後一定要仔細攪拌均勻，使其乳化。

❼ 步驟⑥的材料全部混合完畢後，倒入調理盆內，以矽膠刮刀混拌，調整質地。

❽ 將步驟⑦的材料填入擠花袋內，擠入直徑4cm＆深2cm的圓形矽膠模型內，放入冷凍庫冰鎮＆凝固。

火山口奶油醬
Crème Saotobo

❶ 製作焦糖醬：鍋裡放入細砂糖以大火加熱。另取一個鍋子，放入牛奶及鮮奶油A，以中火加熱。

❷ 待步驟①的細砂糖溶解成透明液狀後，轉小火，適當地搖晃鍋子使糖漿顏色均勻。整體呈現金黃色後即可熄火，把煮沸後的牛奶及鮮奶油分成數次加入，每次加入時都以木杓仔細拌勻。

❸ 把一部分的步驟②材料加入已盛有蛋黃的調理盆內，再倒回鍋內，再次點火加熱，完成焦糖風味的英式蛋黃醬。

❹ 溫度升至80至82℃時即可熄火，鍋底浸入流動的水，使溫度降至55℃左右。

❺ 把步驟④的材料以濾網過濾，加進調理盆內。

❻ 巧克力放入另一個調理盆，隔水加熱融化，再把步驟⑤的材料少分量多次倒入，每次加入後都要仔細攪拌均勻。

❼ 以手持式攪拌機混合，把質地調整均勻。

❽ 加入鮮奶油B，以矽膠刮刀仔細混合拌勻。倒入容器內放入冰箱冷藏靜置一晚。

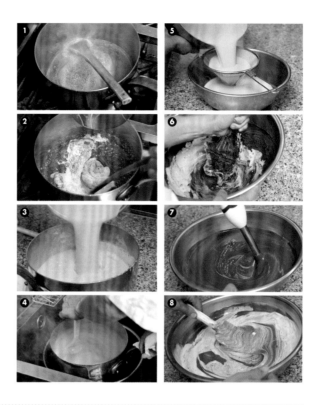

組合・裝飾
Montage, Décoration

❶ 烤盤裡放入慕絲圈，把烘焙紙剪成寬7.5cm的長條狀，放入慕絲圈內側。將火山口海綿蛋糕麵糊擠入模型內2分高，再放入冷藏固定後的火山口甘納許。

❷ 接著再把火山口海綿蛋糕麵糊擠入至9分滿，放入冷凍庫內冷藏固定。

❸ 從冷凍庫取出步驟②的蛋糕，直接在冰凍的狀態下放入預熱至180℃的旋風烤箱，烘烤約20分鐘。開始烘烤約15分鐘後，把烤盤的前後方向對調，注意不要讓中央的甘納許受熱。出爐後以水果刀將蛋糕正面中間挖開，內部會出現空洞。移除模型，放涼至完全冷卻。

❹ 取下烘焙紙，在表面均勻沾覆冷凍乾燥覆盆子粉。

❺ 蛋糕的空洞處放入以手指小心撥開的新鮮覆盆子，再以裝有直徑4mm花嘴的擠花袋，擠入火山口奶油醬。

❻ 從上面到側面，模擬火口岩漿爆發時流出的樣子，擠上火山口奶油醬。

❼ 最後以巧克力脆餅裝飾，再隨意加上覆盆子碎塊、顆粒狀巧克力即完成。

Milanese

. . . .

米蘭蛋糕

不僅是安食主廚的原創點心，也是「連容器都能吃進嘴裡」系列的第1號代表作。「這是我受到販賣矽膠模型Flexipan的DEMARLE公司委託，要介紹使用Flexipan製作的商品時所想出的甜點。」（安食主廚）在杯子形狀的慕絲裡，是混入重乳脂鮮奶油的燉紅色莓果。利用把Flexipan翻面使用的嶄新手法，如同甜點杯（verrine）般，實現了把富有水分的果實以及具有流動性的材料結合起來的可能。下層是風味搭調的巧克力慕絲，底部則畫龍點睛地搭配口感爽脆的奶油酥餅。如名稱所示，以時髦的米蘭女性為形象，加上白色奶油醬、燉莓果、開心果餡……著重在義大利色彩或義大利食材的表現手法也相當獨特。

材料（ 直徑5.5cm、高5cm的慕絲圈100個分 ）

杏仁巧克力海綿蛋糕
Biscuit aux amandes et chocolat
→參照p.24。

開心果奶油酥餅
Sablé aux pistaches
（直徑 5.5cm、200 片分）
發酵奶油《beurre》…420g
糖粉《sucre glace》…264g
鹽《sel》…3.2g
全蛋《œufs entiers》…120g
開心果粉《pistaches en poudre》…160g
開心果碎片《pistaches hachées》…200g
低筋麵粉《farine de blé tendre》…640g

開心果慕絲
Mousse pistache
英式蛋黃醬《crème anglaise》
┌ 牛奶《lait》…714g
│ 細砂糖《sucre semoule》…147g
│ 蛋黃（加糖20%）
└《jaunes d'œufs 20% sucre ajouté》…352g
吉利丁片《feuilles de gélatine》…24.7g
開心果餡《pâte de pistaches》…213g
櫻桃利口酒《kirsch》…13g
杏仁甜酒《amaretto》…40g
鮮奶油（乳脂含量35%）
《crème fleurette 35% MG》…714g

巧克力慕絲
Mousse au chocolat
英式蛋黃醬《crème anglaise》
┌ 牛奶《lait》…428g
│ 鮮奶油A（乳脂含量45%）
│《crème fraîche 45% MG》…428g
│ 海藻糖《tréhalose》…100g
│ 蛋黃（加糖20%）《jaunes d'œufs 20% sucre ajouté》…222g
└
吉利丁片《feuilles de gélatine》…14g
牛奶巧克力（法芙娜「JIVARA・LACTÉE」・可可成分40%）
《chocolat au lait 40% de cacao》…534g
鮮奶油B（乳脂含量35%）
《crème fleurette 35% MG》…715g

組合・裝飾
Montage, Décoration
火山口奶油醬《crème Saotobo》*¹…適量
燉莓果
《compote de fruits rouges》*²…160g（10個分）
重乳脂鮮奶油《crème double》…53g（10個分）

*1 火山口奶油醬的材料・作法參照p.111、p.113。
*2 燉莓果的材料・作法參照p.37。

燉莓果若定期製作並且冷凍保存，使用時只要解凍需要的分量即可。只使用糖漿部分濕潤蛋糕的作法也不少。

剖面

下層為牛奶巧克力慕絲，上層則為有凹槽的開心果慕絲。切開的瞬間填滿凹槽的內餡便會緩緩流出。

作法

杏仁巧克力海綿蛋糕
Biscuit aux amandes et chocolat
麵糰作法參照p.24。切成厚度1cm的薄片，以直徑5.5cm的慕絲圈壓形200片備用。

安食雄二甜點店的原創甜點／米蘭蛋糕

開心果奶油酥餅
Sablé aux pistaches

❶ 調理盆裡放入已回至室溫的奶油，以打蛋器攪拌成美奶滋狀。

❷ 加入糖粉、鹽，以打蛋器摩擦盆底拌勻。

❸ 少量多次地加入已打散的全蛋，每次加入都仔細攪拌均勻，徹底乳化。

❹ 蛋液全部倒完後，加入開心果粉混合均勻，完全融合後再加入開心果碎片，以矽膠刮刀仔細拌勻。

❺ 加入過篩後的低筋麵粉，以矽膠刮刀切拌混合均勻。

❻ 以雙手或刮板仔細混合，直到粉末完全消失。

❼ 在鋪上OPP膜的托盤上放上步驟❻的材料，推平後上方再加上一層OPP膜，放入冰箱靜置一晚。隔天擀成3mm厚，以直徑5.5cm的慕絲圈壓形後放在烤盤上，放入旋風烤箱中以150℃烘烤。先開啟烤箱氣門烤10分鐘，再烤盤的位置前後對調，續烤3至5分鐘。

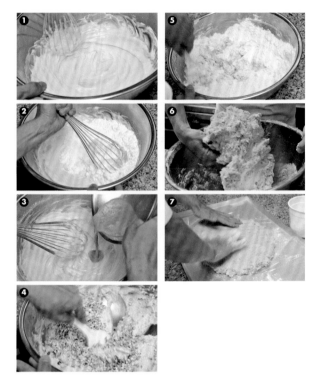

開心果慕絲
Mousse pistache

❶ 鍋裡放入牛奶及細砂糖，以中火加熱，沸騰後加入蛋黃，作成英式蛋黃醬。

❷ 步驟❶的材料裡加入以水（分量外）泡軟的吉利丁片，以木杓攪拌使吉利丁完全融化。

❸ 鍋底浸入流動的冷水，降溫至55℃。

❹ 以濾網過濾至另一個調理盆內。

❺ 把步驟❹的材料少量多次倒入裝有開心果餡的調理盆內。每次加入都以打蛋器混合拌勻，直到完全乳化。

❻ 以手提式電動攪拌機調整步驟❺的材料，使質地平均。

❼ 加入櫻桃利口酒與杏仁甜酒，以矽膠刮刀拌勻。這個階段餡料溫度降至36℃是最理想的狀態。

❽ 鮮奶油打至七分發，即滴落會留下緞帶般痕跡的狀態，加入步驟❼的材料內，以矽膠刮刀仔細地混合均勻。

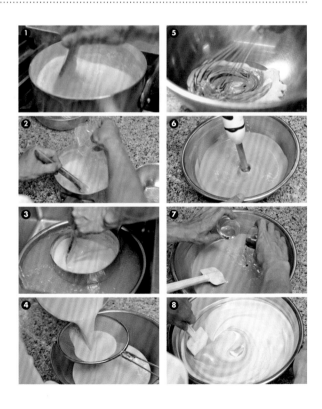

巧克力慕絲
Mousse au chocolat

❶ 鍋裡放入牛奶、鮮奶油A、海藻糖後以中火加熱,煮沸後加入蛋黃,完成英式蛋黃醬。

❷ 步驟①裡加入以水(分量外)泡軟的吉利丁片,以木杓攪拌使吉利丁完全融化。

❸ 鍋底接觸流動的冷水,使溫度降至55℃。

❹ 以濾網過濾至調理盆內。

❺ 把隔水加熱融化後的巧克力少量多次地倒入步驟④內。每次加入時都要以打蛋器混合拌勻,完全乳化。
以手提式電動攪拌機調整步驟⑤,使質地均勻。

❻ 鮮奶油B打發至七分,即成撈起後滴落會留下緞帶般痕

❼ 跡的狀態,加入步驟⑥內以矽膠刮刀仔細地混合均勻。

組合‧裝飾
Montage, Décoration

❶ 把直徑4cm深2cm的凹槽多連Flexipan矽膠模型翻至背面,使凸出面朝上,放上慕絲圈,再放入冷凍庫內。開心果慕絲以漏斗倒入模型內約一半高度。

❷ 把杏仁巧克力海綿蛋糕放在步驟①的開心果慕絲上,再放入冷凍庫冷藏冰鎮。

❸ 巧克力慕絲以漏斗沿著邊緣倒進步驟②的模型內,留下幾公釐不要填滿。

❹ 再取杏仁巧克力海綿蛋糕放在步驟③的巧克力慕絲上,放入冷凍庫冰鎮保存。

❺ 在開心果奶油酥餅其中一面塗上火山口奶油醬。

❻ 取下步驟④的模型,將開心果慕絲的凹槽面朝上,疊在步驟⑤上。火山口奶油醬是發揮黏著劑的作用。

❼ 把瀝去多餘水分的燉莓果放入調理盆內,加入重乳脂鮮奶油輕輕拌勻。

❽ 將步驟⑦的燉莓果,以湯匙舀進開心果慕絲的凹槽內即完成。

Harmonie

....

和諧

在安食主廚接受電視貼身採訪時，對方希望也能拍攝主廚思索新商品的過程，因而有了這款蛋糕的誕生。在構思之時，安食主廚從他最喜歡的食材──洋甘菊著手。把洋甘菊作成入口即化的奶油醬，而周圍的巧克力慕絲為了襯托出洋甘菊的存在，使用厄瓜多爾生產的香濃巧克力。感覺還得再加上點什麼，不斷地嘗試錯誤的搭配後，最後終於在茉莉花上找到了答案。「和洋甘菊放在一起，並非差異性太大的食材，反而正因為類型相同，滋味更有想像空間。我想要的不是對比，而是相乘效果的溫和香氣。」安食主廚說道。結果超出預期，正是結合了兩種食材所達成的和諧美好。

材料（直徑5.5cm、高5cm的慕絲圈35個分）

杏仁巧克力海綿蛋糕
Biscuit aux amandes et chocolat

→參照p.24。

杏仁甜派皮
Pâte sucrée aux amandes

→參照p.18。擀成3mm厚，以滾輪打洞器壓出小洞後，再以直徑5.5cm的慕絲圈壓形備用，準備35片。

巧克力慕絲
Mousse au chocolat

英式蛋黃醬《crème anglaise》
- 牛奶《lait》…245g
- 細砂糖《sucre semoule》…70g
- 蛋黃《jaunes d'œufs》…131g

吉利丁片《feuilles de gélatine》…8.75g
黑巧克力（不二製油「不二製油「NOIR RICOFLOR」・可可成分62%）
《chocolat noir 62% de cacao》…175g
牛奶巧克力
（法芙娜「JIVARA・LACTÉE」・可可成分40%）
《chocolat au lait 40% de cacao》…70g
鮮奶油（乳脂含量35%）
《crème fleurette 35% MG》…560g

剖面

周圍是巧克力慕絲，凹槽裡是洋甘菊奶油醬，中心則藏有茉莉花奶油醬。

茉莉花奶油醬
Crème au jasmin

茉莉花英式蛋黃醬《crème anglaise au jasmin》
- 牛奶《lait》…300g
- 茉莉花《jasmin》…30g
- 鮮奶油A（乳脂含量45%）《crème fraîche 45% MG》…75g
- 細砂糖《sucre semoule》…12g
- 海藻糖《tréhalose》…35g
- 蛋黃（加糖20%）《jaunes d'œufs 20% sucre ajouté》…140g
凝固劑《gelée dessert》…20g
鮮奶油B（乳脂含量45%）《crème fraîche 45% MG》…225g

洋甘菊奶油醬
Sauce à la camomille

洋甘菊英式蛋黃醬《crème anglaise à la camomille》
- 牛奶《lait》……620g
- 洋甘菊《camomille》…27g
- 鮮奶油C（乳脂含量45%）《crème fraîche 45% MG》…135g
- 細砂糖《sucre semoule》…67g
- 蛋黃（加糖20%）《jaunes d'œufs 20% sucre ajouté》…252g
凝固劑《gelée dessert》…15g
鮮奶油D（乳脂含量45%）《crème fraîche 45% MG》…405g

組合・裝飾
Montage, Décoration

火山口奶油醬《crème Saotobo》*…適量
茉莉花《jasmin》…適量
洋甘菊《camomille》…適量

＊火山口奶油醬的材料・作法參照p.111、p.113。

作法

杏仁巧克力海綿蛋糕
Biscuit aux amandes et chocolat

麵糊作法參照p.24。切成1cm厚的薄片，以直徑5.5cm的慕絲圈壓形備用，準備35片。

杏仁甜派皮
Pâte sucrée aux amandes

擀成3mm厚直徑5.5cm的大小，放在烤盤內，以160℃的旋風烤箱烘烤30至35分鐘。

巧克力慕絲
Mousse au chocolat

❶ 鍋裡放入牛奶及細砂糖，以中火加熱，煮沸後加入蛋黃，完成英式蛋黃醬。

❷ 溫度升至80至82℃時，加入以水（分量外）泡軟的吉利丁片，以木杓攪拌使吉利丁完全融化。

❸ 另取一調理盆放入2種巧克力，將步驟❷的材料過篩加入。

❹ 利用英式蛋黃醬的熱度把巧克力融化，同時以打蛋器快速混合拌勻，至完全乳化。

❺ 再以手持式電動攪拌機攪拌，將質地調整均勻。

❻ 步驟❺的材料裡分成數次加入鮮奶油（打至七分發，滴落會留下緞帶般痕跡的狀態），每次加入都以矽膠刮刀仔細地混合均勻。在加入鮮奶油時，步驟❺材料的溫度為38至40℃最為理想。

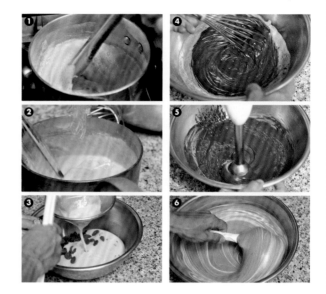

茉莉花奶油醬
Crème au jasmin

❶ 鍋裡放入牛奶及茉莉花，以小火煮至沸騰。

❷ 煮沸後以濾網過濾，倒至調理盆內，把減少的分量再以牛奶（分量外）補回。

❸ 將步驟❷的材料放入鍋內，加入鮮奶油A、細砂糖、海藻糖，點火加熱的同時以打蛋器攪拌混合。

❹ 把一部分的步驟❸材料倒入盛有蛋黃的調理盆內，以打蛋器攪拌均勻，再倒回鍋內，完成茉莉花英式蛋黃醬。

❺ 待步驟❹的蛋黃醬溫度升到80至82℃時熄火，加入凝固劑，鍋底浸入流動的冷水或冰水，使溫度降至30℃。

❻ 步驟❺的蛋黃醬裡加入鮮奶油B，再以矽膠刮刀仔細拌勻。

❼ 以手持式電動攪拌機攪拌，把質地調整均勻後，以濾網過濾。

❽ 將步驟❼的材料裝入漏斗內，倒入直徑4cm深度2cm，凹槽狀的多連Flexipan矽膠模型內，放入冷凍庫內冷藏凝固。

洋甘菊奶油醬
Sauce à la camomille

❶ 鍋裡放入牛奶及洋甘菊,以小火煮至沸騰。

❷ 煮沸後以濾網過濾,倒至調理盆內,把減少的分量再以牛奶(分量外)補回。

❸ 將步驟②材料倒入鍋內,加入鮮奶油C、細砂糖,加熱的同時以打蛋器攪拌混合。

❹ 把一部分的步驟③材料倒入盛有蛋黃的調理盆內,以打蛋器攪拌均勻後再倒回鍋內,完成洋甘菊英式蛋黃醬。

❺ 待步驟④的蛋黃醬升溫到80至82℃時熄火,加入凝固劑攪拌均勻。

❻ 鍋底浸入流動的冷水或冰水,使溫度降至30℃。

❼ 步驟⑤的材料裡加入鮮奶油D後仔細拌勻。

❽ 以濾網過濾進調理盆內,把保鮮膜貼緊液體表面覆蓋後,放入冰箱靜置冷藏。

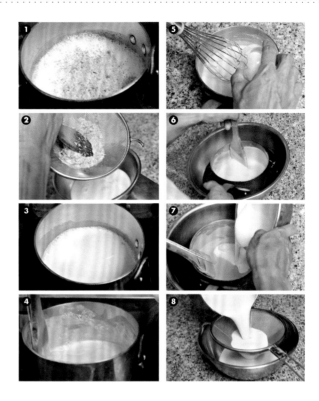

組合‧裝飾
Montage, Décoration

❶ 把直徑4cm深2cm的多連凹槽Flexipan矽膠模型翻至背面,使凸出面朝上,放上慕絲圈,再放入冷凍庫內。巧克力慕絲以漏斗倒入模型內約7分滿高度。

❷ 在模型的正中間放入冷凍凝固的茉莉花奶油醬,沈入巧克力慕絲內。

❸ 把被茉莉花奶油醬擠壓出來的巧克力慕絲以小湯匙清除,疊上杏仁巧克力海綿蛋糕。放入冷凍庫凝固。

❹ 蛋糕凝固後取下模型,把巧克力慕絲的凹槽面朝上。

❺ 在杏仁甜派皮其中一面塗上火山口奶油醬,把步驟④的蛋糕疊上來。

❻ 洋甘菊奶油醬裝入漏斗,滴入巧克力慕絲的凹槽內,最後以茉莉花及洋甘菊裝飾即完成。

Noisette Banane et Café

. . . .

榛果香蕉咖啡

底座是以榛果醬及大量新鮮香蕉所混合出來的無麵粉海綿蛋糕，上層則是填滿了咖啡奶油醬的巧克力慕絲。入口即化的蛋糕體、柔滑順口的奶油醬，配上香脆的堅果醬，口感令人印象深刻。巧克力慕絲使用的是滋味鮮明的Sur del Lago 75%（DOMORI）巧克力，為了不影響其他部位的味道，混合了較多的英式蛋黃醬，刻意減低了巧克力風味的丰采，停留在餘韻猶存的程度。而凹槽設計也是安食雄二原創商品系列裡，相當具有代表性的造型。填滿慕絲用的奶油醬在即將端至店內販售的前一刻才擠入，底座部分也是當天現作。除了主廚的個人風格之外，百分百新鮮的美味更是魅力無窮。

材料（直徑5cm、高5cm的慕絲圈30個分）

無麵粉海綿蛋糕
Biscuit sans farine

杏仁粉《amandes en poudre》…187g
細砂糖《sucre semoule》…140g
發酵奶油《beurre》…75g
全蛋《œufs entiers》…280g
發酵奶油《meringue française》
┌ 細砂糖《sucre semoule》…47g
└ 蛋白霜《blancs d'œufs》…60g
焦糖榛果《praline aux noisettes》＊…1個蛋糕3顆
香蕉《banane》…適量

＊焦糖榛果的材料．作法參照p.36。

咖啡奶油醬
Crème au café

咖啡英式蛋黃醬
《crème anglaise au café》
┌ 牛奶《lait》…207g
│ 鮮奶油A（乳脂含量45%）《crème fraîche 45% MG》…45g
│ 海藻糖《tréhalose》…23g
│ 咖啡粉《café moulu》…15g
└ 蛋黃（加糖20%）《jaunes d'œufs 20% sucre ajouté》…70g
凝固劑《gelée dessert》…6g
鮮奶油B（乳脂含量45%）《crème fraîche 45% MG》…137g

巧克力慕絲
Mousse au chocolat

英式蛋黃醬《crème anglaise》
┌ 牛奶《lait》…300g
│ 細砂糖《sucre semoule》…40g
└ 蛋黃《jaunes d'œufs》…100g
吉利丁片《feuilles de gélatine》…10g
黑巧克力
（DOMORI「Sur del Lago 75%」．可可成分75%
《chocolat noir 75% de cacao》…150g
鮮奶油（乳脂含量35%）《crème fleurette 35% MG》…600g

焦糖榛果使用事先作好的備品。如
果榛果彼此相黏，以水果小刀切開
成每顆單獨即可。

香蕉在使用前再隨意切塊即可。

剖面

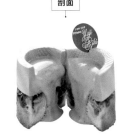

慕絲裡面的奶油醬在切開後緩緩
流出，是一款彷彿精緻盤裝甜點
的小蛋糕。

作法

無麵粉海綿蛋糕
Biscuit sans farine

❶ 食物調理機裡放入杏仁粉、細砂糖、切成骰子狀的奶油塊，攪拌10至12秒使整體變成細砂狀。

❷ 全蛋分成4次倒入。第1次加入時會不易攪拌，因此轉動機器約20秒混合均勻，此時會變得像杏仁膏的狀態。接著再將全蛋分成3次加入，每次加入都要仔細攪拌均勻。

❸ 攪拌完成後的樣子如圖。把成品倒入調理盆內。

❹ 將細砂糖及蛋白倒入電動攪拌機的鋼盆裡，以機器打發成蛋白霜（參照p.34）。把蛋白霜分成2次加入步驟③的調理盆內，每次加入後要一手轉動調理盆，另一手以矽膠刮刀斜斜從盆底向上翻起拌勻。

❺ 在慕絲圈的內側，將烘焙紙蠟紙面向外鋪上。將步驟④的材料填入裝有圓形花嘴的擠花袋，擠入模型內至1/3高的位置。刻意讓烘焙紙的背面（無蠟面）朝內和餡料接觸，是為了烤出表面粗糙、霧面外觀的底座。

❻ 放入3顆焦糖榛果及隨意切塊的香蕉，不要重疊，輕輕放入。

❼ 放入旋風烤箱中，以180℃烘烤16至17分鐘。最初先開啟烤箱氣門烘烤10分鐘，把烤盤前後方向對調後再烤4至5分鐘，最後關閉烤箱氣門再烤2分鐘，要烤成如圖般的棕色。

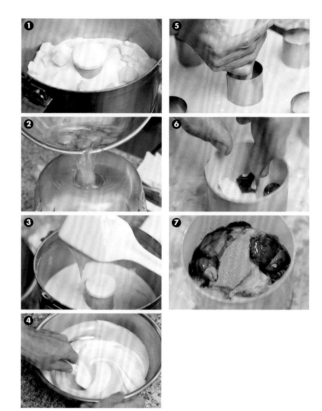

咖啡奶油醬
Crème au café

❶ 先製作咖啡英式蛋黃醬：鍋裡放入牛奶、鮮奶油A、海藻糖、咖啡粉，以中火加熱，以打蛋器混合的同時，讓咖啡的香氣及滋味散發出來。

❷ 溫度升至70℃左右即可熄火，以濾網過濾。

❸ 將步驟②的材料放入鍋中，再次點火加熱。

❹ 把一部分的步驟③材料加入裝有蛋黃的調理盆內，以打蛋器拌勻後再倒回鍋內。

❺ 注意鍋底不要燒焦，以木杓慢慢攪拌，一邊加熱至80至82℃。

❻ 熄火後，將步驟⑤的材料加入凝固劑，同時以打蛋器攪拌均勻。

❼ 降至30℃左右後加入鮮奶油B，再以木杓攪拌均勻。

❽ 步驟⑦過濾倒到調理盆內，表面以保鮮膜貼緊液體表面覆蓋，放入冰箱冷藏。如果能靜置一段時間，整體質感會更加一致，建議提前一天製作。

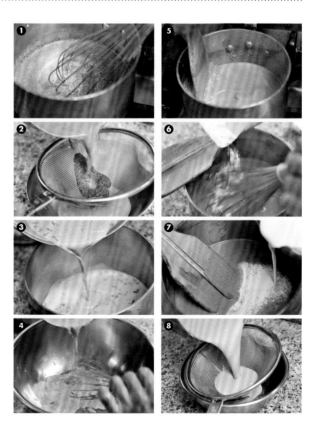

巧克力慕絲
Mousse au chocolat

❶ 先製作英式蛋黃醬：鍋裡放入牛奶、細砂糖後以中火加熱沸騰後，取一部分加入已裝有蛋黃的調理盆內，混合後再倒回鍋內，加熱時注意鍋底不要燒焦。

❷ 步驟①的鍋裡加入以水（分量外）泡軟的吉利丁片，以木杓攪拌使吉利丁完全融化。

❸ 鍋底浸入流動的冷水，使溫度降至55℃後，以濾網過濾倒至調理盆內。

❹ 把步驟③材料少量多次加入已隔水加熱融化後的巧克力內，攪拌混勻。

❺ 一開始會不容易混合，質地也顯粗糙結塊，但漸漸就會變得滑順有光澤。

❻ 完全乳化後，接下來就像是要調整濃度般，把剩下的材料混合均勻。

❼ 換成矽膠刮刀大致攪拌一下後，再以手持式電動攪拌機整體混合均勻，使整體狀態柔滑細緻。

❽ 鮮奶油打至七分發，即滴落會留下緞帶般痕跡的狀態，加入一半分量於步驟⑦的材料內混合均勻。此時步驟⑦的溫度最好維持在32℃左右。最後加入剩下的鮮奶油，全部混合勻勻。

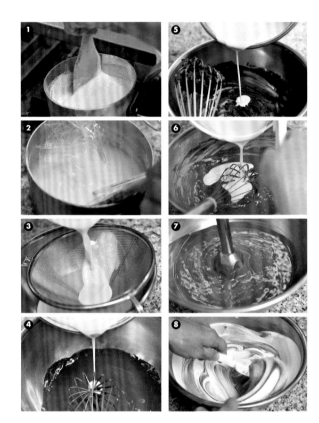

組合‧裝飾
Montage, Décoration

❶ 把直徑4cm深2cm的凹槽多連Flexipan矽膠模型翻至背面，使凸出面朝上，放上慕絲圈，放入冷凍庫內。

❷ 將巧克力慕絲以漏斗倒入模型內約一半的高度。

❸ 在步驟②的慕絲上面放上無麵粉海綿蛋糕（底面上），再次放入冷凍庫冷藏凝固。

❹ 蛋糕固定後取下模型，把巧克力慕絲的凹槽面朝上，凹槽內填入咖啡奶油醬後即完成。

Assam Cannelle

....

阿薩姆肉桂

如同其名，正是結合了阿薩姆紅茶及肉桂，在洗練的外表下，相得益彰的兩種滋味演繹出濃醇的香氣，令人印象深刻。從下往上是杏仁甜派皮、杏仁巧克力海綿蛋糕、以Flexipan矽膠模製作的凹槽狀巧克力慕絲。在慕絲的中心藏有香氣富郁的阿薩姆奶油醬，凹槽裡的則是肉桂甘納許。由於甘納許為液狀，以叉子撥開後便會緩緩流出，享用時就像是一道附有醬汁的甜點般有趣。

材料（完成後的分量記載於各個食譜內）

杏仁巧克力海綿蛋糕
Biscuit aux amandes et chocolat

→參照p.24。切成厚度1cm的薄片，以直徑5.5cm的慕絲圈壓形備用。

杏仁甜派皮
Pâte sucrée aux amandes

→參照p.18。派皮擀成厚度3mm，以滾輪打洞器壓出小洞。以直徑5.5cm的慕絲圈壓形，放入160℃的旋風烤箱，烘烤30至35分鐘後取出備用。

巧克力慕絲
Mousse au chocolat

（直徑5.5cm、高5cm的慕絲圈100個分）
英式蛋黃醬《crème anglaise》
┌ 牛奶《lait》…245g
│ 細砂糖《sucre semoule》…70g
└ 蛋黃《jaunes d'œufs》…131g
吉利丁片《feuilles de gélatine》…8.75g
黑巧克力（不二製油「NOIR RICOFLOR」‧可可成分62%）
《chocolat noir 62% de cacao》…175g
牛奶巧克力
（法芙娜「JIVARA‧LACTÉE」‧可可成分40%）
《chocolat au lait 40% de cacao》…70g
鮮奶油（乳脂含量35%）《crème fleurette 35% MG》…560g

紅茶奶油醬
Crème au thé

（144個分）
紅茶英式蛋黃醬
《crème anglaise au thé》
┌ 牛奶《lait》…1500g
│ 鮮奶油A（乳脂含量45%）
│ 《crème fraîche 45% MG》…300g
│ 細砂糖《sucre semoule》…36g
│ 海藻糖《tréhalose》…102g
│ 紅茶葉（阿薩姆）《thé noir／Assam》…90g
│ 蛋黃（加糖20%）
└ 《jaunes d'œufs 20% sucre ajouté》…540g
凝固劑《gelée dessert》…81g
鮮奶油B（乳脂含量45%）
《crème fraîche 45% MG》…900g

肉桂甘納許
Ganache à la cannelle

（10個分）
鮮奶油（乳脂含量35%）《crème fleurette 35% MG》…100g
肉桂棒《cannelle》…適量
黑巧克力
（不二製油「NOIR RICOFLOR」‧可可成分62%）
《chocolat noir 62% de cacao》…30g
牛奶巧克力
（法芙娜「JIVARA‧LACTÉE」‧可可成分40%）
《chocolat au lait 40% de cacao》…30g

組合‧裝飾
Montage, Décoration

火山口奶油醬《crème Saotobo》*…適量
肉桂粉《cannelle en poudre》…適量

*火山口奶油醬的材料‧作法參照p.111、p.113。

作法

巧克力慕絲
Mousse au chocolat

❶ 鍋裡放入牛奶及細砂糖，以中火加熱，煮沸後加入蛋黃，完成英式蛋黃醬。

❷ 步驟①的鍋裡加入以水（分量外）泡軟的吉利丁片，以木杓攪拌使吉利丁完全融化。

❸ 在裝有兩種巧克力的調理盆裡，把步驟②的材料以濾網過濾後加入。利用英式蛋黃醬的熱度把巧克力融化，同時以打蛋器快速地混合拌勻，完全乳化。再以手持式電動攪拌機攪拌，把質地調整均勻。

❹ 在步驟③的調理盆裡分成3至4次加入鮮奶油（打至七分發，滴落會留下緞帶般痕跡的狀態），每次加入都以矽膠刮刀仔細地混合均勻。

紅茶奶油醬
Crème au thé

❶ 首先製作紅茶英式蛋黃醬：鍋裡放入牛奶、鮮奶油A、細砂糖、海藻糖、紅茶葉（阿薩姆），以小火加熱。沸騰後熄火加蓋，靜置3分鐘等待紅茶香氣擴散至液體內，再以濾網過濾。

❷ 測量步驟①材料的重量，把濾過的部分以牛奶（分量外）補回，再次倒入鍋內，以中火加熱，再和蛋黃混合。

❸ 待步驟②的材料升溫至80至82℃後，鍋子熄火離開火源，加入凝固劑拌勻，鍋底浸入流動的冷水，降溫至55℃。再將鍋底接觸冰水，降溫至30℃。

❹ 於步驟③的材料內加入鮮奶油B，仔細攪拌混合均勻後，以濾網過濾。

❺ 將步驟④的材料透過漏斗倒入直徑4cm深2cm的凹槽多連Flexipan模型裡，放入冷凍庫冰鎮凝固。

肉桂甘納許
Ganache à la cannelle

❶ 鍋裡放入鮮奶油及肉桂棒，以小火加熱至沸騰後熄火加蓋，靜置3分鐘等待肉桂香氣擴散至液體內，再以濾網過濾。

❷ 調理盆裡放入2種不同的巧克力，隔水加熱融化。

❸ 在步驟②的調理盆裡分成數次加入步驟①的材料，每次加入都仔細攪拌徹底乳化。使用的前一天預先準備，味道會更穩定有層次。

組合‧裝飾
Montage, Décoration

❶ 把直徑4cm深2cm的凹槽多連Flexipan矽膠模型翻至背面，使凸出面朝上，放上慕絲圈，再放入冷凍庫內冰鎮。

❷ 將巧克力慕絲以漏斗倒入模型內，約6分滿的高度。

❸ 在模型的正中間放入冷卻凝固的紅茶奶油醬，埋進巧克力慕絲內。

❹ 把被紅茶奶油醬擠壓出來的巧克力慕絲以小湯匙清除後，疊上杏仁巧克力海綿蛋糕，放入冷凍庫冰鎮凝固。蛋糕凝固後取下模型，把巧克力慕絲的凹槽面朝上。

❺ 在杏仁甜派皮其中一面塗上火山口奶油醬，疊上步驟④的蛋糕。將肉桂風味甘納許擠入巧克力慕絲的凹槽內，再灑上肉桂粉即完成。

安食雄二甜點店的原創甜點／阿薩姆肉桂

Tangor

....

柑橘

從下往上依序是牛奶巧克力甘納許和焦糖杏仁顆粒組合而成的塔派、混合了杏仁粉的巧克力海綿蛋糕，以及白巧克力慕絲。而填滿慕絲內的則是新鮮凸頂柑與英式蛋黃醬。結合了凸頂柑的酸味及巧克力的甜香、慕絲及塔派口感，這道甜點能夠同時享受兩種對比的滋味。順帶一提的是，法文名稱Tangor是柑橘類的一種，主要指蜜柑和柳橙的混種。清見橘和凸頂柑是這類柑橘的代表，而這道甜點也會在清見橘及凸頂柑的產季上市。

杏仁甜派皮
Pâte sucrée aux amandes

→參照p.18。擀成厚度2cm，再切成寬度1.5cm的長條狀。

椰子奶油酥餅
Sablé aux coco

發酵奶油《beurre》…100g
糖粉《sucre glace》…50g
鹽《sel》…0.4g
椰子粉《noix de coco râpée》…100g
蛋黃《jaunes d'œufs》…15.2g
中筋麵粉《farine de blé mitadin》…122g
脫脂奶粉《lait écrémé en poudre》…4g

無麵粉巧克力海綿蛋糕
Biscuit au chocolat sans farine

杏仁粉《amandes en poudre》…96g
可可粉《cacao en poudre》…4g
細砂糖《sucre semoule》…75g
發酵奶油《beurre》…40g
現磨凸頂柑皮屑《zests de dekopons》…適量
全蛋《œufs entiers》…150g
蛋白霜《meringue française》
┌ 蛋白《blancs d'œufs》…32g
└ 細砂糖《sucre semoule》…25g

白巧克力慕絲
Mousse au chocolat blanc

英式蛋黃醬《crème anglaise》
┌ 牛奶《lait》…94g
│ 海藻糖《tréhalose》…24g
│ 蛋黃（加糖20%）
└ 《jaunes d'œufs 20% sucre ajouté》…52g
吉利丁片《feuilles de gélatine》…5g
白巧克力（法芙娜「IVOIRE」）
《chocolat blanc》…110g
鮮奶油（乳脂含量35%）
《crème fleurette 35% MG》…300g

英式蛋黃醬
Crème anglaise

牛奶《lait》…84g
鮮奶油A（乳脂含量45%）
《crème fraîche 45% MG》…18g
海藻糖《tréhalose》…10g
蛋黃（加糖20%）
《jaunes d'œufs 20% sucre ajouté》…34g
凝固劑《gelée dessert》…4g
鮮奶油B（乳脂含量45%）
《crème fraîche 45% MG》…54g

牛奶巧克力甘納許
Ganache lait

鮮奶油（乳脂含量35%）
《crème fleurette 35% MG》…188g
吉利丁片《feuilles de gélatine》…0.7g
牛奶巧克力
（法芙娜「JIVARA · LACTÉE」· 可可成分40%）
《chocolat au lait 40% de cacao》…90g

焦糖杏仁
Praliné amandes

細砂糖《sucre semoule》…300g
水《eau》…100g
杏仁碎粒《amandes hachées》…250g

組合 · 裝飾
Montage, Décoration

凸頂柑《dekopons》…40瓣
糖漬橙皮《écorces d'oranges confits》…適量

椰子奶油酥餅
Sablé aux coco

❶ 調理盆裡放入已回至室溫的奶油,以打蛋器攪拌成美奶滋狀。加入糖粉及鹽,再以打蛋器磨擦盆底攪拌均勻。
❷ 椰子粉以食物調理機攪拌成抹醬狀,加入步驟①的調理盆內混拌均勻。
❸ 步驟②的調理盆裡加入蛋黃,仔細拌勻,確實乳化。
❹ 混合中筋麵粉及脫脂奶粉過篩,加入步驟③的調理盆內混合均勻。以矽膠刮刀切拌混合均勻,直到粉末完全消失為止。
❺ 混合完畢後鋪平麵糰,以保鮮膜包覆,放入冰箱冷藏靜置一晚。
❻ 從冰箱內取出麵糰,擀成厚度4mm,再以直徑5.5cm的慕絲圈壓形備用。

無麵粉巧克力海綿蛋糕
Biscuit au chocolat sans farine

❶ 食物調理機裡放入杏仁粉、可可粉、細砂糖、奶油、凸頂柑皮屑,然後慢慢少量分次加入全蛋,仔細攪拌。
❷ 和步驟①同時進行,把蛋白及細砂糖倒入電動攪拌機的鋼盆內,打發成蛋白霜(參照p.34)。
❸ 將步驟①的材料倒入調理盆內,加入步驟②的蛋白霜,仔細混合均勻。
❹ 烤盤內鋪上烘焙紙,整齊擺放上直徑6cm高3cm的慕絲圈,把步驟③的材料倒入模型內,約3至4分滿的高度。
❺ 放入旋風烤箱中,以120℃的烘烤12分鐘。
❻ 出爐後等待完全冷卻,在蛋糕與慕絲圈之間以水果刀劃一圈,取下模型。

白巧克力慕絲
Mousse au chocolat blanc

❶ 鍋裡放入牛奶與海藻糖,以中火加熱,沸騰後和蛋黃混合,作成英式蛋黃醬。
❷ 熱度均勻後加入以水(分量外)泡軟的吉利丁片,完全融化後鍋底浸入流動的冷水,降溫至55℃,再以濾網過篩。
❸ 把隔水加熱融化後的白巧克力,和步驟②的材料仔細混合拌勻,徹底乳化。
❹ 在步驟③的鍋裡加入打至七分發的鮮奶油(滴落會留下緞帶般痕跡的狀態),仔細混合拌勻。

英式蛋黃醬
Créme anglaise

❶ 鍋裡放入牛奶、鮮奶油A、海藻糖,點火加熱至沸騰後加入蛋黃,完成英式蛋黃醬。
❷ 熱度均勻後加入凝固劑,鍋底浸入流動的冷水或冰水,降溫至30℃。
❸ 加入鮮奶油B,仔細拌勻。

牛奶巧克力甘納許
Ganache lait

❶ 鍋裡放入鮮奶油,加熱至50℃左右,再加入以水(分量外)泡軟後的吉利丁片,拌至融化。
❷ 把步驟①的材料分成數次,慢慢加入已隔水加熱融化的牛奶巧克力裡,每次加入後都要仔細拌勻,確實乳化。

焦糖杏仁
Praliné amandes

❶ 鍋裡放入細砂糖與水,加熱煮至濃縮,溫度為115至118℃。
❷ 步驟①的鍋裡放入杏仁碎粒,包裹上焦糖後即可熄火,靜待散熱。

組合·裝飾
Montage, Décoration

❶ 在直徑6cm高3cm的慕絲圈內側下半部,貼上切成長條狀的杏仁甜派皮,底部裝入壓成直徑5.5cm圓形的椰子奶油酥餅。放入150℃的旋風烤箱,烘烤20分鐘。
❷ 烤好出爐後,灑上焦糖杏仁,再倒入牛奶巧克力甘納許。放入冰箱冷藏靜置。
❸ 把直徑4cm、深2cm的凹槽多連Flexipan矽膠模型翻至背面,使凸出面朝上,放上直徑6cm高3cm的慕絲圈,圈住模型的凸出面。白巧克力慕絲以漏斗倒入慕絲圈內,直到覆蓋住凸出面。再次把慕絲圈及矽膠模型放入冷凍庫內冰鎮固定。
❹ 步驟③的慕絲上放入無麵粉巧克力海綿蛋糕,放入冷凍庫內冰鎮。蛋糕固定後,取下慕絲圈。
❺ 於步驟②的派皮疊上步驟④的慕絲,凹槽朝上,在白巧克力慕絲的凹槽放入2瓣去除薄膜的凸頂柑及英式蛋黃醬,再以糖漬橙皮裝飾即完成。

Dacquoise aux Noix

....

核桃達克瓦茲

這一款達克瓦茲,在烤得厚厚的達克瓦茲蛋糕層中間及表面,是分量充足的核桃口味慕斯林奶油。由於每一層都分量厚實,可充分感受到蛋糕的美味在口中融化開,吃得到達克瓦茲蛋糕不同凡響的魅力。安食主廚表示:「我個人認為在所有堅果風味的慕斯林奶油之中,就屬核桃最棒。」理由是核桃之中的澀味及苦味,能夠增添整體風味的層次感,帶領滋味進入更深的境地。為了調整至理想的口味,就連核桃餡都使用在店內自行烘烤核桃後製作的產品。把核桃餡和打入大量空氣,口感極為輕盈的慕斯林奶油混合後,再作出能同時享受核桃濃郁香氣、奶油醬輕柔口感的甜點。核桃的獨特餘韻一定不會讓你失望。

達克瓦茲蛋糕層
Pâte à dacquoise

蛋白霜《meringue française》
┌ 蛋白《blancs d'œufs》…360g
│ 乾燥蛋白粉《blancs d'œufs séchés》…16g
└ 細砂糖《sucre semoule》…108g
糖粉《sucre glace》…163g
杏仁粉《amandes en poudre》…268g

核桃慕斯林奶油
Crème mousseline aux noix

英式蛋黃醬《crème anglaise》
…以下列分量製作，總共使用150g
┌ 牛奶《lait》…275g
│ 鮮奶油A（乳脂含量45%）
│ 《crème fraîche 45% MG》…60g
│ 蛋黃（加糖20%）
│ 《jaunes d'œufs 20% sucre ajouté》…90g
│ 凝固劑《gelée dessert》…5g
│ 鮮奶油B（乳脂含量45%）
└ 《crème fraîche 45% MG》…180g
發酵奶油《beurre》…300g
核桃泥（烘烤過）《pâte de noix grillées》…100g
義式蛋白霜《meringue italienne》
…以下列分量製作，總共使用60g
┌ 細砂糖《sucre semoule》…100g
│ 水《eau》…30g
└ 蛋白《blancs d'œufs》…50g

組合‧裝飾
Montage, Décoration

核桃（烘烤過）《noix grillées》…100g
糖粉《sucre glace》…適量

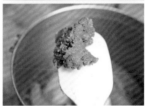

使用罐裝的法國格勒諾勃（Grenoble）產新鮮核桃。稍微烘烤，使香氣散發出來後，再以食物調理機攪打成核桃泥。

作法

達克瓦茲蛋糕層
Pâte à dacquoise

❶ 製作蛋白霜：把事先混合並冷凍保存的蛋白、乾燥蛋白粉、細砂糖，解凍後攪拌（參照p.34）。為了不讓蛋白霜產生過多黏性，所以砂糖分量較少，只要確實冷凍，即使糖分不多也能攪打出質地緊實，舀起後尖端挺立的蛋白霜。

❷ 把步驟①的蛋白霜倒入調理盆內，加入糖粉與杏仁粉，以矽膠刮刀大致拌勻。

❸ 準備②個烤盤，分別鋪上烘焙紙，再各自放上2個直徑18cm高2cm的慕絲圈。把步驟②的材料倒入慕絲圈內，以抹刀抹平表面。

❹ 取下慕絲圈，以篩網灑上糖粉（分量外），總共灑2次。

❺ 放入旋風烤箱中，以170至180℃烘烤約15分鐘。

核桃慕斯林奶油
Crème mousseline aux noix

❶ 鍋裡放入牛奶、鮮奶油A、細砂糖以中火加熱，煮沸後加入蛋黃，製成英式蛋黃醬。

❷ 待溫度到達80至82℃時熄火，加入凝固劑，以木杓仔細攪拌融化。鍋底浸入流動的冷水或冰水降溫。

❸ 溫度降至30℃後，加入鮮奶油B，以矽膠刮刀仔細拌勻，再以濾網過濾。

❹ 在電動攪拌機的鋼盆裡，放入已回至室溫的奶油，以中速攪拌，把空氣一併混合打入。

❺ 在步驟❹的鋼盆裡加入步驟❸材料與核桃泥，繼續以中速混合攪拌。

❻ 把步驟❺的材料倒入調理盆內，加入義式蛋白霜（參照p.35），再以矽膠刮刀小心仔細地混合拌勻。

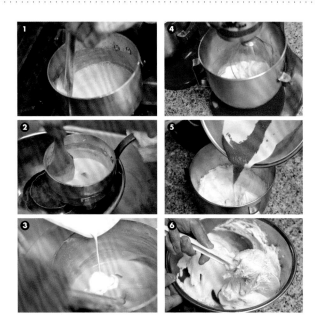

組合・裝飾
Montage, Décoration

❶ 取一片達克瓦茲蛋糕層，烘烤面朝下放在旋轉台上，以直徑1.5cm的圓形花嘴擠出核桃慕斯林奶油。首先擠在圓形蛋糕的邊緣上，再從中心處以漩渦狀擠出填滿蛋糕表面。

❷ 取一半分量的核桃碎粒，平均地灑在慕斯林奶油上。

❸ 再取另一塊達克瓦茲蛋糕層，烘烤面朝上，重疊在步驟❷的蛋糕上，以抹刀在上面均勻塗抹核桃慕斯林奶油。

❹ 以抹刀隨喜好壓出紋路。

❺ 把剩下的核桃顆粒灑在奶油上，最後以篩網灑上糖粉即完成。

Makaha-4

. . . .

馬卡哈一4

達克瓦茲蛋糕層、焦糖慕絲、芒果百香果奶油醬、椰香慕絲，層疊出這道充滿熱帶風情的甜點。整體口感清爽，椰子的甜香及芒果、百香果的酸甜滋味，令人印象深刻。頂端是混合了椰子泥的白巧克力甘納許，再加上棒狀的椰香蛋白霜，立體造形引人注目。側面點狀的豔橘色奶油醬，在視覺上又是一番精緻工法的展現。甜點名稱來自夏威夷知名衝浪景點馬卡哈，而「4」則是經過四次調整而來之意。商品的命名也融入了主廚熱愛衝浪的生活風格，赤子之心表露無遺。

材料（37cm x 27cm方形慕絲圈2個分）

達克瓦茲蛋糕層
Pâte à dacquoise

蛋白霜《meringue française》
┌ 細砂糖《sucre semoule》…135g
│ 乾燥蛋白粉《blancs d'œufs séchés》…20g
└ 蛋白《blancs d'œufs》…450g
杏仁粉《amandes en poudre》…334g
糖粉《sucre glace》…203g
低筋麵粉《farine de blé tendre》…30g
椰子粉《noix de coco râpée》…適量

椰香蛋白霜
Meringue au coco

（方便製作的分量）
蛋白《blancs d'œufs》…265g
細砂糖《sucre semoule》…465g
糖粉《sucre glace》…45g
椰子粉《noix de coco râpée》…105g

芒果百香果奶油醬
Crème de mangue-passion

芒果泥《purée de mangue》…184g
百香果泥《purée de fruit de la passion》…184g
細砂糖《sucre semoule》…112g
全蛋《œufs entiers》…140g
蛋黃《jaunes d'œufs》…112g
發酵奶油《beurre》…200g

焦糖慕絲
Mousse au caramel

焦糖英式蛋黃醬《crème anglaise au caramel》
┌ 細砂糖《sucre semoule》…194g
│ 牛奶《lait》…220g
│ 鮮奶油A（乳脂含量35%）《crème fleurette 35% MG》…220g
└ 蛋黃（加糖20%）《jaunes d'œufs 20% sucre ajouté》…166g
吉利丁片《feuilles de gélatine》…16g
白巧克力（法芙娜「IVOIRE」）
《chocolat blanc》…150g
鮮奶油B（乳脂含量35%）《crème fleurette 35% MG》…620g

椰香慕絲
Mousse au coco

椰子泥A（boiron）《purée de noix de coco》…280g
椰子泥B（AYAM「AYAM Coconut Milk」）
《purée de noix de coco》…600g
吉利丁片《feuilles de gélatine》…15g
白巧克力（法芙娜「IVOIRE」）《chocolat blanc》…400g
鮮奶油（乳脂含量35%）《crème fleurette 35% MG》…550g

椰香白巧克力甘納許
Ganache blanche au coco

（方便製作的分量）
白巧克力（法芙娜「IVOIRE」）
《chocolat blanc》…15g
鮮奶油（乳脂含量40%）《crème fraîche 40% MG》…150g
脫脂奶粉《lait écrémé en poudre》…3.3g
椰子泥（AYAM「AYAM Coconut Milk」）
《purée de noix de coco》…20g

安食雄二甜點店的原創甜點／馬卡哈──4

作法

達克瓦茲蛋糕層
Pâte à dacquoise

❶ 製作蛋白霜（參照p.34）。成品應該要充滿光澤、質地穩定且相當有韌性。若以電動攪拌器混合，一定會有不夠均勻的狀況發生，最後應把蛋白霜移至調理盆內，以打蛋器手動打發，調整蛋白霜的整體質地均勻統一。

❷ 在步驟①進行的同時，混合杏仁粉、糖粉、低筋麵粉，過篩備用。把以上粉類分成4次加入步驟①的調理盆內，每次加入後都要一手轉動調理盆，一手持矽膠抹刀從盆底向上翻舀，混合均勻。

❸ 準備4個烤盤，均鋪上矽膠烘焙墊，整面灑上椰子粉，再放上方形慕絲圈壓出痕跡。把步驟②的材料填入裝有直徑1.2cm圓形花嘴的擠花袋內，配合剛才模型壓出的範圍，擠上麵糊。

❹ 糖粉（分量外）以濾網過篩灑上，共灑2次。放入旋風烤箱，以180℃烘烤15分鐘。從開始烘烤的10分鐘後，對調烤盤方向再烤4分鐘，之後視烘烤顏色，若有需要再加烤1至2分鐘。

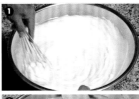

椰香蛋白霜
Meringue coco

❶ 電動攪拌器的鋼盆裡放入蛋白，細砂糖分成數次加入，混合拌勻，製作蛋白霜（參照p.34）。

❷ 把步驟①的蛋白霜移至調理盆內，加入糖粉與椰子粉，以矽膠刮刀仔細拌勻。

❸ 烤盤裡鋪上烘焙紙，把步驟②的蛋白霜填入裝有直徑7mm圓形花嘴的擠花袋內，擠出成棒狀。放入上火130℃・下火130℃的平窯烤箱內，開啟烤箱氣門，烘烤約1小時30分鐘。由於含有椰子粉，較容易烤上色，請多留意。

芒果百香果奶油醬
Crème de mangue-passion

❶ 鍋裡放入芒果泥、百香果泥、細砂糖、打散的全蛋及蛋黃，點火加熱。以打蛋器攪拌加熱的同時，拌入空氣以調整濃度。

❷ 溫度到達85℃左右後即可熄火，鍋底浸入流動的冷水或冰水裡，降溫至45℃。

❸ 把步驟②的材料以濾網過濾後，倒入食物調理機內，加入奶油後，開始攪拌。

❹ 把步驟③的材料倒入調理盆內，以保鮮膜緊貼液體表面覆蓋，放入冰箱冷藏靜置一晚。

焦糖慕絲
Mousse au caramel

❶ 製作焦糖：鍋裡放入細砂糖，以大火加熱。同時另取一個鍋子放入牛奶及鮮奶油A，點火加熱。

❷ 待步驟①的細砂糖融化成透明的液狀後，轉小火，並且適當地晃動鍋子，使顏色均勻。之後會和大量的打發鮮奶油混合，所以這個步驟要讓焦糖完全變色，並且帶上苦味。

❸ 把步驟①煮沸的牛奶及鮮奶油少量多次地倒入步驟②的融化砂糖內，每次加入時都要仔細攪拌均勻。

❹ 把一部分的步驟③材料倒入裝有蛋黃的調理盆內，以打蛋器混合拌勻後，再倒回鍋內，完成焦糖風味的英式蛋黃醬。

❺ 待步驟④的蛋黃醬溫度到達80至82℃後便可熄火，放入以水（分量外）泡軟後的吉利丁片，混合融化，再把鍋底浸入流動的冷水或冰水，降溫至45℃。以濾網過濾後，倒入調理盆內。

❻ 白巧克力放入另一個調理盆內，隔水加熱融化，再把步驟⑤的材料少量多次倒入，每次加入後都以打蛋器仔細拌均，徹底乳化。

❼ 以手持式電動攪拌機攪拌混合，把質地調整均勻。

❽ 步驟⑦的材料裡分成數次加入打至七分發的鮮奶油B（舀起後落下的鮮奶油可在盆內劃線的程度），同時以矽膠刮刀仔細混合均勻。

椰香慕絲
Mousse au coco

❶ 鍋裡放入兩種椰子泥，以水（分量外）泡軟後的吉利丁片，點火加熱，同時以打蛋器攪拌混合使吉利丁融化。溫度到40℃後即可熄火，以濾網過濾後倒入調理盆內。

❷ 另取一個調理盆，放入白巧克力並隔水加熱融化，把步驟①少量多次倒入，每一次倒入時都要以打蛋器仔細攪拌均勻，使之完全乳化。

❸ 以手持式電動攪拌機攪拌混合，把質地調整均勻。

❹ 步驟③裡分成數次加入打至七分發的鮮奶油（滴落會留下緞帶般痕跡的狀態），以矽膠刮刀仔細混合均勻。

椰香白巧克力甘納許
Ganache blanche au coco

調理盆裡放入白巧克力，隔水加熱融化，加入煮沸後的鮮奶油，以打蛋器混合均勻，至完全乳化。盆底浸入冰水降溫，之後放入冰箱冷藏靜置一晚。隔天從冰箱取出，和脫脂奶粉與椰子泥混合，以電動攪拌機先略為打發。到使用前最後一刻，把盆底浸入冰水，以打蛋器手動打出尖端挺立的全發甘納許。

組合・裝飾
Montage, Décoration

❶ 把烤好後的4片達克瓦茲蛋糕層，以無底方模壓形。其中2片放在置於托盤內的2個方形慕絲圈中。

❷ 在步驟①的模型中倒入焦糖慕絲，每個模型內倒入725g。放入冷凍庫冰鎮凝固。

❸ 在步驟②的慕絲上，疊上剩下的達克瓦茲蛋糕層。

❹ 把芒果百香果奶油醬，填入裝有直徑1cm圓形花嘴的擠花袋內，在步驟③的蛋糕上隨興擠出圓球形。為了讓切面能看見奶油醬，和模型接觸的邊緣位置也要確實擠上奶油醬。

❺ 在步驟④的蛋糕上倒入椰香慕絲，每一個模型內倒入920g。放入冷凍庫內冷藏凝固。

❻ 把步驟⑤的蛋糕等分切成4.5cm x 4.4cm大小，再以聖多諾黑花嘴擠上椰香白巧克力甘納許。

❼ 把椰香蛋白霜折成適當長度，立起黏貼在椰香白巧克力甘納許周圍裝飾即完成。

I am your
Pâtissier Yuji

Grenoblois

....

格勒諾勃

這是一款以達克瓦茲蛋糕層,搭配核桃慕斯林奶油,堆疊了八層之高的精緻小蛋糕。由於主角是核桃,因此色彩偏棕色系,視覺上相當具有秋冬風格,但是安食主廚卻加上了清爽的柑橘調味,這正是十分「安食風」的作法。蛋糕層中間的夾心奶油,除了使用店內自製的核桃餡及新鮮橙皮之外,還加入了口感爽脆的烤核桃以及糖漬橙皮,風味及口感都被強調出來。表層再以白巧克力甘納許、彈牙酥脆的核桃奶油酥餅、糖漬橙皮裝飾,無論從哪裡開始吃,每一口都會充滿核桃及柑橘的香氣及口感。令人無法抗拒的核桃,搭配飽含水分的橙橘,相互襯托牽引之下,完成了一道四季皆宜的動心美味。

材料（4.5cm×4.4cm的蛋糕48個分）

達克瓦茲蛋糕
Pâte à dacquoise

蛋白霜《meringue française》
- 細砂糖《sucre semoule》…224g
- 乾燥蛋白粉《blancs d'œufs séchés》…32.5g
- 蛋白《blancs d'œufs》…750g

杏仁粉《amandes en poudre》…555g
糖粉《sucre glace》…336g
低筋麵粉《farine de blé tendre》…49g

核桃慕斯林奶油
Crème mousseline aux noix

英式蛋黃醬《crème anglaise》
…以下列分量製作，總共使用225g
- 牛奶《lait》…275g
- 鮮奶油A（乳脂含量45%）
  《crème fraîche 45% MG》…60g
- 細砂糖《sucre semoule》…30g
- 蛋黃（加糖20%）
  《jaunes d'œufs 20% sucre ajouté》…112g
- 鮮奶油B（乳脂含量45%）
  《crème fraîche 45% MG》…180g

核桃（烘烤過）pâte de noix grillées
《pâte de noix grillées》…150g
現磨橙皮《zests d'oranges》…1/2個分
義式蛋白霜《meringue italienne》
…以下列分量製作，總共使用90g
- 細砂糖《sucre semoule》…150g
- 水《eau》…45g
- 蛋白《blancs d'œufs》…75g

發酵奶油《beurre》…450g
糖漬橙皮《zests d'oranges confits》…80g

白巧克力甘納許
Ganache blanche

白巧克力（法芙娜「IVOIRE」）
《chocolat blanc》…30g
鮮奶油（乳脂含量40%）《crème fraîche 40% MG》…300g
脫脂奶粉《lait écrémé en poudre》…6.6g

核桃奶油酥餅
Sablé aux noix

發酵奶油《beurre》…125g
糖粉《sucre glace》…63g
鹽《sel》…0.5g
核桃泥（生）pâte de noix《pâte de noix》…125g
蛋黃《jaunes d'œufs》…19g
中筋麵粉《farine de blé mitadin》…148g
脫脂奶粉《lait écrémé en poudre》…5g

組合・裝飾
Montage, Décoration

核桃（烘烤過）《noix grillées》…120g
糖粉《sucre glace》…適量
糖漬橙皮《zests d'oranges confits》…適量

作法

達克瓦茲蛋糕層
Pâte à dacquoise

❶ 製作蛋白霜（參照p.34）。成品應該要充滿光澤，質地穩定且相當有韌性。以電動攪拌器混合，一定會有不均勻的狀況發生，最後應把蛋白霜移至調理盆內，以打蛋器手動打發，調整蛋白霜的整體質地均勻統一。

❷ 在步驟①進行的同時，混合杏仁粉、糖粉、低筋麵粉，過篩備用。把以上粉類分成4次加入步驟①的蛋白霜內，每次加入都一手轉動調理盆另一手持矽膠抹刀從盆底向上翻起，混合均勻。

❸ 在4塊矽膠烘焙墊上，以麵糰調整器（Raplette Spreader）把步驟②的材料分別攤平成1cm厚。

❹ 在步驟③的麵糰上放上37cm x 27cm的無底方模，模型範圍以外的麵糰即可移除。

❺ 把烘焙墊移至烤盤內，每一塊麵糰都灑上糖粉，分別灑兩次（分量外）。

❻ 放入旋風烤箱，開啟烤箱氣門以180℃先烤10分鐘。之後把烤盤方向前後對調，再繼續烤3至4分鐘。出爐後取下模型，靜置散熱。

核桃慕斯林奶油
Crème mousseline aux noix

❶ 製作英式蛋黃醬（參照p.32）。由於英式蛋黃醬經常使用於店內各式點心中，因此都會在前一日先準備好，當天再視需求計算出需要的分量，過濾後使用。

❷ 英式蛋黃醬裡加入核桃泥。核桃泥為店內自製，放入旋風烤箱，以150℃烘烤核桃約8分鐘（若使用平窯烤箱就是上火・下火皆約為180℃，烤10分鐘以內），再以食物調理機攪打，直到全部成為鬆散的粉狀。

❸ 加入現磨橙皮。

❹ 以矽膠刮刀整體攪拌均勻，再放入冰箱冷藏靜置一段時間。

❺ 製作義式蛋白霜（參照p.35）。

❻ 和步驟❺同時進行，在電動攪拌機的鋼盆裡放入切成骰子狀、已回至室溫的奶油塊，把鋼盆裝上機器後，先以慢速揉整攪打，再慢慢加快速度，盡可能讓空氣大量包覆進奶油裡，仔細地攪拌混合。過程中需數次停下機器，以矽膠刮刀撥下沾黏於鋼盆側面的奶油，繼續攪打。

❼ 攪拌至如圖顏色變白、質地柔軟膨鬆的狀態後，即可停下機器。

❽ 把步驟❹的材料倒入步驟❼的鋼盆內，再繼續以中速攪拌。

❾ 待整體混合均勻後，和切碎的糖漬橙皮一起，加入裝有義式蛋白霜的調理盆內。

❿ 以矽膠刮刀從盆底向上翻舀，俐落地混合均勻。這個步驟結束後，要立刻進行蛋糕的組合。

白巧克力甘納許
Ganache blanche

❶ 調理盆裡放入白巧克力，隔水加熱融化。同時間進行另一個動作，把鮮奶油倒入鍋子裡，點火加熱至沸騰。

❷ 待巧克力融化後，把煮沸的鮮奶油少量多次加入，同時以打蛋器仔細攪拌均勻，使巧克力完全乳化。

❸ 圖為完全乳化後的狀態。一開始會呈現分離狀，但漸漸地會產生黏性，最後變成美奶滋狀。

❹ 等到完全乳化後，把剩下的鮮奶油先倒入約1/4分量，作為稀釋之用，之後再把剩下的分量全部倒入，仔細攪拌混勻。

❺ 把調理盆的盆底浸入冰水，同時不斷攪拌，使溫度降至10℃左右。放入冰箱冷藏靜置一晚。

❻ 隔天從冰箱取出後，和脫脂奶粉混合，以電動攪拌機打至五分發，即舀起後呈一直線滴落盆內的狀態。盆底浸入冰水直到使用前，再以打蛋器手動攪拌至全發（舀起後前端呈尖角狀）。

核桃奶油酥餅
Sablé aux noix

❶ 鋼盆裡放入回至室溫的奶油，以打蛋器攪拌成美奶滋狀。如果不易攪拌，可把盆底稍微加熱再攪拌。加入糖粉、鹽，以打蛋器磨擦盆底攪拌融合均勻。

❷ 依序加入核桃泥、蛋黃，每次加入材料後，都以打蛋器磨擦盆底攪拌，融合勻勻。此處使用的核桃泥和核桃慕斯林奶油的核桃泥，皆為店內自製，不過此處的核桃泥，由於之後會加熱，所以使用生核桃製作。也由於核桃沒有經過烘烤，不會像慕斯林奶油用的核桃泥質地那麼鬆散，是比較具有黏性濕度的。

❸ 混合中筋麵粉及脫脂奶粉，加入步驟❷的材料內，以矽膠刮刀切拌混合，直到粉末完全消失。

❹ 工具換成刮板，混合壓拌至整體質地均勻融合。

❺ 取出麵糰放在保鮮膜上，擀成1cm厚，再以保鮮膜密合包緊，放入冰箱冷藏靜置一晚。

❻ 隔天從冰箱內取出麵糰後，先切成適當大小，再以格子狀的鐵網壓成骰子形，作成立方體狀的奶油酥餅。

❼ 把步驟❻的奶油酥餅麵糰置於烤盤內，放入旋風烤箱，開啟烤箱氣門，以150℃先烘烤5分鐘，再把烤盤的方向前後對調，續烤5分鐘即可。可在進行其他步驟的中途烤好，出爐置涼備用。

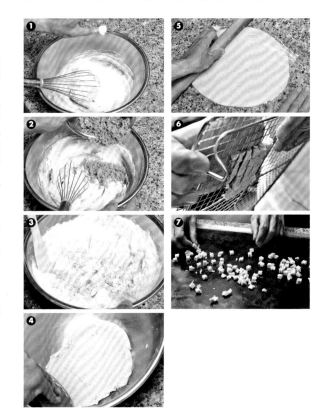

組合・裝飾
Montage, Décoration

❶ 將達克瓦茲蛋糕從烘焙墊上取下，每一塊蛋糕放上300g的核桃慕斯林奶油，再以抹刀推抹均勻。

❷ 在步驟❶的蛋糕上，分別灑上1/3分量的核桃。核桃以150℃的旋風烤箱烘烤約8分鐘，切碎備用。核桃的烘烤時間及溫度，和桃核慕斯林奶油裡使用的核桃相同，所以不妨一起準備。

❸ 以蛋糕層、奶油、核桃的組合，重複疊上3層，最後以第4片蛋糕加蓋。唯獨第4片蛋糕，是和烘焙墊接觸的那一面朝上。把剩下的慕斯林奶油塗抹在上面，放入冰箱冷藏凝固。

❹ 將步驟❸的蛋糕切成4.5cm x 4.4cm的立方體。如果想切得漂亮，可以先徹底冷凍，再放入冷藏庫1小時，自然解凍之後再切。

❺ 將白巧克力甘納許填入裝有直徑1cm圓形花嘴的擠花袋內，在頂端擠出厚實的圓形。

❻ 以抹刀把圓形的白巧克力甘納許調整成山形。

❼ 加上核桃奶油酥餅。

❽ 最後灑上糖粉，再以糖漬橙皮裝飾即完成。

I am your Pâtisser *Yuji Riki*

Honey Hunt

....

獵蜜

這款作品的創作靈感，來自於迪士尼樂園相當受歡迎的遊樂設施「小熊維尼獵蜜記」。和遊樂園一樣，不僅視覺效果，還兼具香甜的氣味，把大人小孩都喜歡的幸福甜蜜，全都濃縮在精巧的小蛋糕裡。核心部分的慕絲，採用來自南法普羅旺斯的綜合香草蜂蜜製作；中央還有使用來自馬達加斯加島的香草所作成的奶油醬，上層再加以焦糖風味點綴。底部是烤過的楓糖杏仁海綿蛋糕，為整體增添了香氣及彈牙口感。層疊了數種不同風格的甜味：蜂蜜、香草、焦糖、楓糖糖漿，整體的平衡卻調整得恰到好處。

材料（ 直徑6cm高3.5cm的六角模型80至90個分 ）

楓糖杏仁海綿蛋糕
Biscuit Joconde au érable

杏仁粉《amandes en poudre》⋯172g
糖粉《sucre glace》⋯57g
楓糖《sucre d'érable》⋯24g
杏仁膏《pâte d'amandes crue》⋯50g
全蛋《œufs entiers》⋯160g
蛋黃《jaunes d'œufs》⋯100g
蛋白霜《meringue française》
⎡ 細砂糖《sucre semoule》⋯195g
⎢ 乾燥蛋白粉《blancs d'œufs séchés》⋯7g
⎣ 蛋白《blancs d'œufs》⋯354g
低筋麵粉《farine de blé tendre》⋯154g
融化奶油《beurre fondu》⋯60g

蜂蜜慕絲
Mousse au miel

蛋黃 (加糖20%)《jaunes d'œufs》⋯376g
吉利丁片《feuilles de gélatine》⋯35g
蜂蜜《miel》⋯658g
鮮奶油 (乳脂含量42%)
《crème fraîche 42% MG》⋯1872g

香草奶油醬
Crème à la vanille

香草風味英式蛋黃醬
《crème anglaise à la vanille》
⎡ 香草莢《gousses de vanille》⋯2本
⎢ 牛奶《lait》⋯800g
⎢ 鮮奶油A (乳脂含量45%)
⎢ 《crème fraîche 45% MG》⋯200g
⎢ 細砂糖《sucre semoule》⋯25g
⎢ 海藻糖《tréhalose》⋯66g
⎢ 蛋黃(加糖20%)
⎣ 《jaunes d'œufs 20% sucre ajouté》⋯375g
凝固劑《gelée dessert》⋯53g
鮮奶油B (乳脂含量45%)
《crème fraîche 45% MG》⋯600g

焦糖醬
Sauce au caramel

細砂糖《sucre semoule》⋯300g
鮮奶油C (乳脂含量35%)
《crème fleurette 35% MG》⋯450g
鮮奶油D (乳脂含量35%)
《crème fleurette 35% MG》⋯120g

組合・裝飾
Montage, Décoration

義式蛋白霜《meringue italienne》
⋯以下列分量製作，適量使用即可
⎡ 細砂糖《sucre semoule》⋯100g
⎢ 水《eau》⋯30g
⎣ 蛋白《blancs d'œufs》⋯50g
楓糖漿《sirop d'érable》＊
⋯以下列分量製作，適量使用即可
⎡ 楓糖原漿《sirop d'érable》⋯500g
⎣ 水《eau》⋯100g
肉桂粉《cannelle en poudre》⋯適量
顆粒狀巧克力 (法芙娜「Perles Chocolat」)
《perles chocolat noir》⋯適量

＊小鍋裡放入楓糖原漿與水加熱，輕輕攪拌使楓糖原漿融
化，沸騰後熄火（使用時再溫熱至40℃左右）。

店內使用的普羅旺斯產蜂蜜，是以南法生產的薰衣
草、薄荷等等香草蜂蜜所製成。特色是即便和慕絲等
食材混合後，仍有強烈的香氣及存在感。

安食雄二甜點店的原創甜點 ／ 蠟蜜

剖面

以蜂蜜慕絲包覆香草風
味的奶油醬，叉子落下
的瞬間，焦糖便會緩緩
流出。

楓糖杏仁海綿蛋糕
Biscuit Joconde au érable

❶ 在食物調理機內放入杏仁粉、糖粉、楓糖，攪拌均勻。

❷ 把杏仁膏撕成小碎塊後加入，注意不要互相重疊沾黏，繼續攪拌30至40秒，直到整體混合均勻為止。

❸ 把全蛋及蛋黃放入調理盆內，分成3次倒入步驟②的攪拌盆內。先倒入1／3分量，攪拌15秒後停止，把攪拌盆內側的材料撥回盆內集中。再倒入剩下雞蛋分量的1／2，攪拌50秒後，同樣停下機器撥回材料集中。最後倒入剩下所有的雞蛋，攪拌1分鐘。

❹ 整體混合均勻後，倒入調理盆內。攪拌完成後的質地，應為柔軟滑順且稍為濃厚的奶霜狀。

❺ 製作蛋白霜（參照p.34）。

❻ 以打蛋器輕輕攪拌一下蛋白霜，然後以打蛋器舀取少許蛋白霜，加入步驟④的調理盆內。一邊轉動調理盆的邊緣，一邊以矽膠抹刀從盆底向上翻舀拌勻。彷彿要利用蛋白霜調整步驟④材料的濃淡般，仔細混合均勻。

❼ 再加入剩下的蛋白霜一半分量，拌勻。但不要破壞氣泡，以切割的手法拌勻。

❽ 加入已過篩的低筋麵粉，以同樣方式拌勻。

❾ 加入剩下的蛋白霜，以同樣方式拌勻。加入約60℃的融化奶油，一邊轉動調理盆的邊緣，同時仔細攪拌，直到整體質地均勻的狀態。

❿ 在兩個鋪有烘焙紙的38.5cm x 27.5cm烤盤內，分別倒入步驟⑨的麵糊各630g，以刮板調整均勻後再抹平表面。

⓫ 放入上火・下火皆200℃的平窯烤箱內，烘烤14至15分鐘。出爐後立刻連同烘焙紙一起置於網架上散熱。

蜂蜜慕絲
Mousse au miel

❶ 電動攪拌機的鋼盆裡放入蛋黃，以慢速長時間仔細攪拌打發（約一小時）。

❷ 在打發蛋黃的同時，把以水（分量外）泡軟的吉利丁片擰去多餘水分後，放在廚房紙巾上，吸去水分。

❸ 鍋裡放入蜂蜜，以中火加熱至120℃。溫度超過100℃後，蜂蜜表面會開始冒出氣泡，繼續加熱，溫度到達120℃後熄火，輕晃鍋子使氣泡消失。

❹ 將步驟①的電動攪拌器轉成高速，把步驟③的材料以固定的速度及分量倒入步驟①的鋼盆內，注入時液體的寬度最好是1cm左右。全部倒完後，持續以高速攪拌1分鐘，再以中速攪拌1分鐘，最後降成以慢速攪拌1分鐘。把一開始較大的氣泡均勻攪拌成細緻的泡沫。

❺ 最後以慢速攪拌1分鐘，加入步驟②的吉利丁片，使其完全融合融化。此時的理想溫度是40至45℃。如果溫度過高，可以再多攪拌一會，使溫度降低。

❻ 鮮奶油打至六分發，即落在盆內會留下痕跡，但立刻消失的狀態，和步驟⑤混合。

香草奶油醬
Crème à la vanille

❶ 香草莢以水果刀縱向剖開後，刮出的香草籽。鍋裡放入牛奶、鮮奶油A、細砂糖、海藻糖、香草莢、香草籽，以打蛋器稍微攪拌，以中火加熱至沸騰。

❷ 調理盆裡放入蛋黃，倒入1/3分量的步驟①材料，以打蛋器仔細攪拌均勻。。

❸ 把步驟②的材料倒回鍋內，以中火加熱，製作英式蛋黃醬。待香草莢軟化後，以手指刮出殘餘的香草籽放入鍋內。為了讓蛋醬受熱均勻，偶爾搖晃鍋子的同時，也以木杓在鍋底畫出如「の」的字形，幫助混合。

❹ 待步驟③的材料到達80至82℃後即可熄火，加入凝固劑，再以打蛋器仔細混合攪拌均勻。

❺ 鍋底先浸入冷水，再換成冰水，以木杓攪拌，使溫度降到30℃。

❻ 鮮奶油B加入步驟⑤的鍋內，木杓觸碰鍋底，仔細攪拌整體均勻。

❼ 把步驟⑥的材料以濾網過濾。

❽ 步驟⑦的材料透過漏斗，倒入直徑4cm深度2cm的凹槽多連Flexipan矽膠模型內，放入冷凍庫冰鎮凝固。

焦糖醬
Sauce au caramel

❶ 製作焦糖：鍋裡放入細砂糖，大火加熱。

❷ 和步驟①同時進行，在另一個鍋裡放入鮮奶油C，以中火加熱。

❸ 待步驟①的細砂糖溶解成透明液狀，轉小火，適當地搖晃鍋身使顏色均勻，濃度則可視個人喜好調整。

❹ 步驟②的鮮奶油鍋邊開始起泡後（溫度約80℃）熄火，分成3至4次倒入步驟③的鍋內。每次倒入都以木杓仔細攪拌，直到出現光澤感。一開始質地容易分離，所以先少量倒入，待整體融合後再慢慢增加倒入的分量。

❺ 鍋底浸入冰水，以木杓觸碰鍋底的方式緩慢攪拌，促進散熱。漸漸地會出現光澤感，質地也會轉為黏稠。

❻ 待步驟⑤的材料冷卻至30℃後，加入鮮奶油D仔細混合拌勻。以濾網過濾，放入冰箱冷藏靜置一晚。藉由靜置一晚能讓整體質地更為緊緻、入口即化，同時風味更加融合。

組合・裝飾
Montage, Décoration

❶ 把剛剛完成的蜂蜜慕絲，填入裝有直徑1cm圓形花嘴的擠花袋內。托盤放上六角模型，把蜂蜜慕絲擠入模型內約8mm高。

❷ 從Flexipan矽膠模型內，取出已冷卻凝固的香草奶油醬，放入六角模型中。不將奶油醬埋入慕絲裡，而是壓至表面大約平整的深度即可。放入冷凍庫內冰鎮凝固。

❸ 在等待步驟②慕絲凝固的同時，可開始準備杏仁海綿蛋糕，以及義式蛋白霜（參照p.35）。等待楓糖杏仁海綿蛋糕散熱完成後，上下翻面並撕去烘焙紙，以六角模型壓形。

❹ 把裁好的六角形杏仁海綿蛋糕放在烤盤上，放入旋風烤箱以150℃烘烤約8分鐘（若是平窯烤箱則以上火・下火皆180℃烘烤約10分鐘），類似烤吐司的感覺。

❺ 將烤好的海綿蛋糕，浸泡數秒楓糖漿。

❻ 把步驟⑤的蛋糕排列於淺盆裡，從上方輕灑肉桂粉。

❼ 從冷凍庫裡取出步驟②的慕絲，上下翻面，讓看得見香草奶油醬的面朝下，疊在海綿蛋糕上，然後取下模型。

❽ 把義式蛋白霜填入裝有直徑7mm圓形花嘴的擠花袋內，在步驟⑦的慕絲上擠出一圈圓形。

❾ 以瓦斯槍快速烘烤一下，為義式蛋白霜上色。

❿ 將焦糖醬以漏斗倒入義式蛋白霜圈的中央。最後以顆粒狀巧克力點綴裝飾即完成。

I am your
Pâtissier
Yuji

Miwa

....

美和

以「獵蜜」（參照p.142）的結構，應用「以日式食材製作法式點心」的概念，在含有濃厚抹茶風味的香草慕絲上，層疊了略帶苦味的黑糖焦糖醬，底部則是黑糖與黃豆粉風味的蛋糕。構成主要味覺的三大食材便是黑糖、抹茶、黃豆粉，搭配能把這些風味連結起來，以慢速緩緩打發的香草慕絲。中間填滿的抹茶奶油醬，使用了大量的抹茶粉，並且是香氣滋味皆優異，相當具有存在感的商品。然而最有特色的部分，是底層的黑糖杏仁海綿蛋糕，烤好出爐脫模後，再次入窯烘烤。作法上的特點之一，是黃豆粉不和其他食材一起攪拌，而是最後滿滿灑上。外觀或作法雖然皆是法式甜點的風格，卻讓人徹底體會和風食材的美好，萬分驚豔！

黑糖杏仁海綿蛋糕
Biscuit joconde au kokuto

杏仁粉《amandes en poudre》…86g
糖粉《sucre glace》…50g
黑糖《sucre de canne complet》…13g
杏仁膏《pâte d'amandes crue》…30g
全蛋《œufs entiers》…80g
蛋黃《jaunes d'œufs》…50g
蛋白霜《meringue française》
┌ 細砂糖《sucre semoule》…75g
│ 乾燥蛋白粉《blancs d'œufs séchés》…3.5g
└ 蛋白《blancs d'œufs》…177g
低筋麵粉《farine de blé tendre》…154g
融化奶油《beurre fondu》…60g

香草慕絲
Mousse à la vanille

蛋黃（加糖20%）
《jaunes d'œufs 20% sucre ajouté》…250g
香草莢《gousses de vanille》…2根
水《eau》…50g
麥芽糖《glucose》…200g
吉利丁片《feuilles de gélatine》…16.5g
鮮奶油（乳脂含量42%）
《crème fraîche 42% MG》…1000g

抹茶奶油醬
Crème au matcha

抹茶英式蛋黃醬
《crème anglaise au matcha》
┌ 抹茶粉《matcha》…30g
│ 米油《huile de riz》…30g
│ 牛奶《lait》…400g
│ 鮮奶油A（乳脂含量45%）
│ 《crème fraîche 45% MG》…100g
│ 細砂糖《sucre semoule》…25g
│ 海藻糖《tréhalose》…20g
└ 蛋黃（加糖20%）《jaunes d'œufs 20% sucre ajouté》…187g
凝固劑《gelée dessert》…20g
鮮奶油B（乳脂含量45%）
《crème fraîche 45% MG》…300g

黑糖焦糖醬
sauce au caramel kokuto

細砂糖《sucre semoule》…150g
鮮奶油C（乳脂含量35%）
《crème fleurette 35% MG》…300g
黑糖《sucre de canne complet》…50g
鮮奶油D（乳脂含量45%）
《crème fraîche 45% MG》…100g

組合・裝飾
montage, Décoration

義式蛋白霜《meringue italienne》
…以下列分量製作，適量使用即可
┌ 細砂糖《sucre semoule》…100g
│ 水《eau》…30g
└ 蛋白《blancs d'œufs》…50g
黑糖漿《sirop de kokuto》＊
…以下列分量製作，適量使用即可
┌ 黑糖《sucre de canne complet》…200g
└ 水《eau》…240g
黃豆粉《farine de soja torréfié》…適量
裝飾用黑糖碎塊《sucre de canne complet pour décor》…適量

＊在小鍋裡放入黑糖與水加熱，輕拌混合使黑糖溶
解，沸騰後即可熄火（使用時再次加熱至40℃左
右）。

剖面
↓

以香草慕絲包覆抹茶奶油醬，而在上方則有黑糖焦
糖醬。底座是黑糖杏仁海綿蛋糕，色彩搭配相當鮮
豔。

作法

黑糖杏仁海綿蛋糕
Biscuit Joconde au kokuto

❶ 在食物調理機裡放入杏仁粉、糖粉、黑糖，大致混合。

❷ 把杏仁膏撕成小碎塊後加入，注意不要互相重疊沾黏，接著攪拌30至40秒，直到整體混合均勻。

❸ 把全蛋及蛋黃放入調理盆，分成3次倒入步驟②的鋼盆內。先倒入1／3分量，攪拌15秒後暫時停止，把攪拌盆內側的材料撥回盆內集中。再倒入剩下雞蛋分量的1／2，攪拌50秒後，同樣停下機器撥回材料集中。最後倒入剩下所有的雞蛋，攪拌1分鐘。

❹ 整體混合均勻後，倒入調理盆內。攪拌完成後的質地，應為柔軟滑順且稍為濃厚的奶霜狀。

❺ 製作蛋白霜（參照p.34）。完成後的狀態，應為舀起後前端呈現低垂的勾狀。

❻ 以打蛋器輕輕攪拌一下蛋白霜，然後舀取少許蛋白霜加入步驟④的調理盆內。一邊轉動調理盆，一邊以矽膠抹刀從盆底向上翻舀拌勻。彷彿要利用蛋白霜來調整步驟④材料的濃淡般，仔細混合均勻。

❼ 再加入剩下蛋白霜的一半分量，仔細拌勻。注意不要破壞氣泡，以切割的手法拌勻。

❽ 加入已過篩的低筋麵粉，以同樣方式拌勻。

❾ 加入剩下的蛋白霜，以同樣方式拌勻。

❿ 最後加入加熱至約60℃的融化奶油，仔細攪拌直到整體質地均勻。

⓫ 在鋪有烘焙紙的38.5cm x 27.5cm烤盤內，倒入步驟⓾的麵糊，以刮板調整成1cm厚。

⓬ 放入上火‧下火皆200℃的平窯烤箱內，烘烤14至15分鐘。出爐後立刻連同烘焙紙一起置於網架上散熱。烘烤完成的厚度約為1.5cm。

香草慕絲
Mousse à la vanille

❶ 在電動攪拌機的鋼盆裡放入蛋黃與香草籽，鋼盆裝回機器上，以慢速長時間仔細攪拌打發（約一小時）。

❷ 在以攪拌機打發的期間，為了不讓鋼盆內的材料乾燥，以保鮮膜從機器上方整個包覆住鋼盆。由於打發蛋黃的時間較長，在這段期間內可以進行抹茶奶油醬、黑糖杏仁海綿蛋糕的準備工作，讓接下來的步驟更為順暢。

❸ 在電動攪拌機啟動約40至45分鐘，蛋黃膨脹且顏色轉白、分量變成兩倍大後，取一個小鍋裝入水及麥芽糖，加熱煮成糖漿。通常糖漿需煮至115至118℃左右，但由於麥芽糖較具黏性，溫度抵達108℃後即可熄火。使用麥芽糖的理由是甜度較細砂糖來得低，更順口溫和。

❹ 電動攪拌機轉為高速，稍微撕開保鮮膜，從隙縫裡緩緩注入步驟❸的糖漿。

❺ 持續以機器攪拌1分鐘左右，轉為中低速，然後加入以水（分量外）泡軟的吉利丁片。再攪拌1至2分鐘，待整體平均融合且質地均勻即可停止。

❻ 將步驟❺的材料倒入調理盆內，把鮮奶油打至六分發，即落在盆內會留下痕跡但迅速消失的狀態，分成2次加入調理盆內，同時一邊轉動盆邊，一邊以矽膠刮刀斜斜插入切拌混合均勻。混合完成時應該是質地完全均勻且充滿光澤的狀態。由於慕絲完成後很容易定型，一定要快速俐落地拌勻後，立刻擠入模型內。

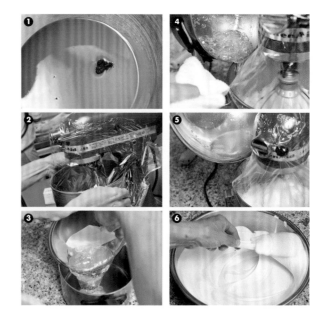

抹茶奶油醬
Crème au matcha

❶ 把米油分成3次倒入抹茶粉裡，每次加入都以打蛋器仔細攪拌至質地均勻細緻。

❷ 鍋裡放入牛奶、鮮奶油A、細砂糖、海藻糖、步驟❶的材料，以中火加熱，同時以打蛋器攪拌直到沸騰。待鍋內質地均勻、顏色呈現如抹茶牛奶般的草綠色後，即可熄火。

❸ 調理盆裡放入蛋黃，倒入1／3分量的步驟❷材料後，以打蛋器仔細拌勻，再倒回鍋內，以小火加熱，作成抹茶風味的英式蛋黃醬。

❹ 以木杓輕柔地攪拌以防止鍋底燒焦，加熱至質地變得濃稠有黏性為止。加熱約至80至82℃時熄火，完成的質地應滑順濃厚且帶有光澤感。

❺ 於步驟❹的材料裡加入凝固劑，以打蛋器混合拌勻。

❻ 鍋底先浸入流動的冷水後換成冰水，以木杓持續攪拌，降溫至30℃。加入鮮奶油B，以木杓混合攪拌至整體均勻融合。

❼ 將步驟❻的材料以濾網過濾。

❽ 將步驟❼的料以漏斗倒入直徑4cm深度2cm的凹槽多連Flexipan矽膠模型裡，放入冷凍庫冰鎮凝固。

黑糖焦糖醬
Sauce au caramel kokuto

❶ 製作焦糖：鍋裡放入細砂糖，開大火加熱。
❷ 和步驟①同時進行，在另一個鍋裡放入鮮奶油C與黑糖，以中火加熱，取木杓仔細攪拌，待黑糖完全溶解、鍋緣開始冒出小氣泡後即可熄火。此時溫度約為80℃。
❸ 待步驟①的細砂糖溶解成透明的液態狀後，轉小火，適當地搖晃鍋身使顏色均勻。
❹ 整體呈現深濃的焦糖色後，把步驟②的材料分成3至4次加入。每次加入都以木杓仔細攪拌，直到出現光澤感為止（若步驟②的材料溫度下降，要再次加熱至80℃後才能倒入焦糖內）。
❺ 把步驟④的鍋底浸入冰水，同時以矽膠刮刀不停攪拌，直到溫度降至30℃。
❻ 在步驟⑤的鍋裡加入鮮奶油D，以矽膠刮刀仔細混合拌勻。以濾網過濾，放入冰箱冷藏靜置一晚。

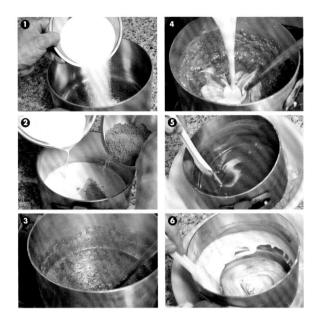

組合・裝飾
Montage, Décoration

❶ 把剛剛完成的香草慕絲，填入裝有直徑1cm圓形花嘴的擠花袋內。托盤裡放上六角模型，把蜂蜜慕絲擠入模型內約8mm高。
❷ 從Flexipan矽膠模型內，取出已冷卻凝固的抹茶奶油醬，放入六角模型中。不必將奶油醬埋入慕絲裡，而是壓至表面大約平整的深度即可。放入冷凍庫內冰鎮凝固。
❸ 在等待步驟②的慕絲凝固時，可開始準備杏仁海綿蛋糕及義式蛋白霜（參照p.35）。待黑糖杏仁海綿蛋糕放涼後，上下翻面並撕去烘焙紙，以六角模型壓形。
❹ 把裁好的六角形杏仁海綿蛋糕放在烤盤上，放入旋風烤箱以150℃以烘烤約8分鐘（若是平窯烤箱則以上火・下火皆180℃烘烤約10分鐘），類似烤吐司的感覺。
❺ 把烤好的海綿蛋糕浸入黑糖漿數秒。如果讓黑糖漿完全滲透海綿蛋糕，味道會變得太甜，所以快速浸泡即可。
❻ 把步驟⑤的海綿蛋糕放進鋪有黃豆粉的淺盆裡，沾覆上黃豆粉。
❼ 把步驟⑥的海綿蛋糕排列於淺盆裡。把步驟②的慕斯上下翻面，讓看得見抹茶奶油醬的面朝下，疊在海綿蛋糕上，然後取下模型。
❽ 把義式蛋白霜填入裝有直徑7mm圓形花嘴的擠花袋內，在步驟⑦上擠出一圈圓形。
❾ 以瓦斯槍快速烘烤一下，為義式蛋白霜上色。
❿ 將黑糖焦糖醬以漏斗淋入義式蛋白霜圈的中央，最後以黑糖碎塊裝飾即完成。

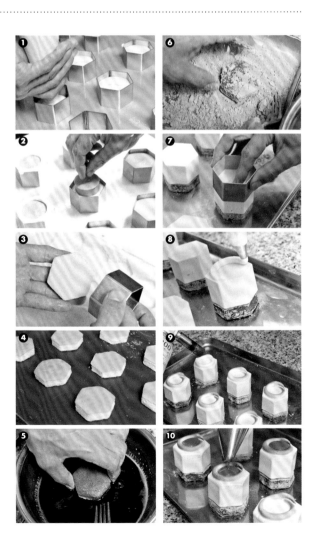

Chocolate Cake

....

巧克力蛋糕

這一項商品是因應客人「希望有一款『徹頭徹尾的巧克力蛋糕』」的願望所誕生。在重視原創性的安食雄二甜點店內，這款蛋糕使用了多達三種不同的蛋糕層與三種不同的巧克力奶油醬！每一層都將巧克力這項食材發揮極致，六層全為不同的費工費時結構。由下往上分別是：加了融化巧克力的薩赫蛋糕、含有三種不同巧克力的打發鮮奶油、可可風味海綿蛋糕、混合了打發奶油的巧克力慕斯林奶油。再往上一層的戚風蛋糕，則是加入了保濕性優異的米粉，增添濕潤口感。最後使用融合了可可塊的自製奶霜作為裝飾。細緻的風味結合了能和孩子們一同享用的溫潤口感，完美地成就了這款巧克力蛋糕。

材料（ 直徑18cm的蛋糕4個分 ）

薩赫蛋糕
Biscuit Sacher

蛋白霜《meringue française》
- 細砂糖《sucre semoule》…114g
- 蛋白《blancs d'œufs》…168g

黑巧克力（OPERA「Legato」・可可成分57%）
《chocolat noir 57% de cacao》…190g
鮮奶油（乳脂含量35%）
《crème fleurette 35% MG》…77g
發酵奶油《beurre》…38g
蛋黃《jaunes d'œufs》…190g
低筋麵粉《farine de blé tendre》…70g
可可粉《cacao en poudre》…20g
泡打粉《levure chimique》…2g

巧克力海綿蛋糕
Pâte à génoise au chocolat

全蛋《œufs entiers》…133g
蛋黃《jaunes d'œufs》…12g
細砂糖《sucre semoule》…109g
乾燥蛋白粉《blancs d'œufs séchés》…3g
低筋麵粉《farine de blé tendre》…63g
可可粉《cacao en poudre》…14g
融化奶油《beurre fondu》…20g

巧克力戚風蛋糕
Biscuit chiffon au chocolat

蛋黃《jaunes d'œufs》…120g
細砂糖A《sucre semoule》…30g
麥芽糖《glucose》…20g
蛋白霜《meringue française》
- 蛋白《blancs d'œufs》…197g
- 細砂糖B《sucre semoule》…98g

牛奶《lait》…65g
米油《huile de riz》…40g
低筋麵粉《farine de blé tendre》…92g
米粉《farine de riz》…3.5g
可可粉《cacao en poudre》…11g

巧克力打發鮮奶油
Crème chantilly au chocolat

吉利丁片《feuilles de gélatine》…8g
鮮奶油（乳脂含量35%）
crème fleurette 35% MG》…720g
黑巧克力A
（DOMORI「Sur del Lago 75%」・可可成分75%）
《chocolat noir 75% de cacao》…60g
黑巧克力B
（不二製油「Flor de Cacao Sambirano 07」・可可成分66%）
《chocolat noir 66% de cacao》…60g
牛奶巧克力
（法芙娜「JIVARA LACTÉE」・可可成分40%）
《chocolat au lait 40% de cacao》…160g

巧克力慕斯林奶油
Crème mousseline au chocolat

義式蛋白霜《meringue italienne》
…以下列分量製作，總共使用80g
- 細砂糖《sucre semoule》…100g
- 水《eau》…30g
- 蛋白《blancs d'œufs》…50g

英式蛋黃醬《crème anglaise》
…以下列分量製作，總共使用180g
- 牛奶《lait》…275g
- 鮮奶油A（乳脂含量45%）《crème fraîche 45% MG》…60g
- 細砂糖《sucre semoule》…30g
- 蛋黃（加糖20%）《jaunes d'œufs 20% sucre ajouté》…112g
- 鮮奶油B（乳脂含量45%）《crème fraîche 45% MG》…180g

黑巧克力（法芙娜 P125 CŒUR DE GUANAJA）
《chocolat noir 125% de cacao》…70g
鮮奶油C（乳脂含量35%）《crème fleurette 35% MG》…70g
發酵奶油《beurre》…360g

巧克力奶霜
Crème au chocolat

（便於操作的分量，共5個蛋糕分）
牛奶《lait》…212.5g
鮮奶油D（乳脂含量35%）《crème fleurette 35% MG》…168.7g
細砂糖《sucre semoule》…425g
可可膏《pâte de cacao》…141g
可可粉《cacao en poudre》…125g
白蘭地《armagnac》…12.5g
鮮奶油E（乳脂含量42%）《crème fraîche 42% MG》…140g
鮮奶油F（乳脂含量35%）《crème fleurette 35% MG》…280g

組合・裝飾
Montage, Decoration

黑巧克力（OPERA「Legato」・可可成分57%）
《chocolat noir 57% de cacao》…適量

安食雄二原創甜點／巧克力蛋糕

薩赫蛋糕
Biscuit Sacher

麵糊作法請參考p.26。把麵糊倒入直徑18cm高4cm的慕絲圈裡（每個模型約180g），放入上火・下火皆175℃的平窯烤箱裡。開啟烤箱氣門烘烤15分鐘，然後關上氣門再烤3分鐘。接著把烤盤前後對調，再烤2分鐘。出爐後在模型和蛋糕之間以水果刀沿著內緣畫一圈，會較容易取下模型。不過這裡先不脫模，暫時靜置。

巧克力海綿蛋糕
Pâte à génoise au chocolat

麵糊的作法參照p.16海綿蛋糕。低筋麵粉裡混合了可可粉，變成巧克力口味。放入上火180℃・下火170℃的平窯烤箱內，開啟烤箱氣門先烤15分鐘，之後視蛋糕的狀態調整溫度，烤到顏色漂亮為止。總共烘烤時間約為32至33分鐘。

巧克力戚風蛋糕
Biscuit chiffon au chocolat

❶ 電動攪拌機的鋼盆裡放入蛋黃、細砂糖A，以打蛋器大致拌勻。稍微溫熱一下麥芽糖，至呈現比較容易處理的液態後，倒入蛋黃內。鋼盆底部直接接觸火源，以打蛋器攪拌，同時加熱至約30℃。

❷ 熄火後，將步驟①的鋼盆裝回機器上。從機器上方到鋼盆開口部分，以保鮮膜包覆，以保持溫度，防止水分蒸發。最初先以慢速轉動，待整體打散均勻後可轉高速，待分量變多後可慢慢降低轉速，讓質地調整均勻。

❸ 製作蛋白霜（參照p.34）。為了打出細緻的氣泡，蛋白要完全降溫後使用。這裡使用的是先經過冷凍再解凍、還有些結晶狀態的蛋白。攪拌打發至舀起後前端呈現挺立尖角狀後，移至調理盆內。

❹ 待步驟②的材料顏色變白、膨脹後，即可停下機器，倒入調理盆內。依序加入牛奶、米油，每次加入食材後，都以打蛋器仔細攪拌均勻。

❺ 混合低筋麵粉、米粉、可可粉後過篩加入，並以打蛋器拌勻。

❻ 把步驟⑤的材料倒入裝有蛋白霜的調理盆內，一邊轉動調理盆邊緣，一邊以矽膠刮刀切拌混合均勻。
準備兩個鋪有烘焙紙的烤盤，分別放入兩個直徑

❼ 18cm、高2cm的慕絲圈。把步驟⑥的麵糊平均倒入4個慕絲圈內，再以抹刀將表面抹平。
考慮到烘烤過程中蛋糕會膨脹，所以在慕絲圈上再加上一

❽ 個同樣直徑但高度4cm的慕絲圈。為了讓上下緊密貼合，周圍再以高度超過3cm的小模型固定。放入上火190℃・下火200℃的平窯烤箱內，開啟烤箱氣門烘烤約15分鐘，接著前後對調烤盤方向，再烤3至4分鐘。出爐後放進冷藏庫降溫。

❾ 取下底部的烘焙紙，以水果刀插入模型和蛋糕之間劃一圈，取下模型。

❿ 戚風蛋糕放置一陣子後，中間會略為塌陷，配合凹陷處，切除較高的部分。

巧克力打發鮮奶油
Crème chantilly au chocolat

❶ 以水（分量外）泡軟後的吉利丁片放入調理盆內，隔水加熱融化後，加入1／10分量的打發鮮奶油（打至六分發，即滴落會留下痕跡，但立刻消失的狀態）。盆底以微火加熱，同時仔細混合直到完全融合為止。

❷ 另取一個調理盆放入3種巧克力，隔水加熱至融化，並把步驟①的鮮奶油加入，同時以打蛋器仔細混合攪拌均勻。待整體質地均勻滑順，溫度到達50℃後，即可移開盆底的熱水。

❸ 把剩下的鮮奶油分成3次加入。第1次加入1／5分量左右，第2次加入比第1次略多的分量，每一次加入後都以打蛋器仔細混合均勻，徹底乳化。把剩下的鮮奶油全部倒入，一邊轉動調理盆的邊緣，一邊以矽膠刮刀切拌，不破壞氣泡且溫柔地拌勻。

❹ 混合完畢後，立刻倒入薩赫蛋糕的模型，直到填滿，放入冰箱內冷藏。

巧克力慕斯林奶油
Crème mousseline au chocolat

❶ 製作義式蛋白霜（參照p.35）。

❷ 和步驟①同時進行，製作英式蛋黃醬及甘納許。英式蛋黃醬的作法參照p.32。甘納許則將巧克力切碎後，放入調理盆內，分3次加入溫熱的鮮奶油C，每次加入後，都仔細攪拌均勻。

❸ 甘納許徹底乳化完成後，加入英式蛋黃醬，拌勻。

❹ 奶油放入電動攪拌機的鋼盆內，盆底輕觸弱火，加熱成容易處理的軟度後，再以打蛋器攪拌打發。鋼盆裝回機器上，先以慢速攪打，之後再逐漸調高速度，花時間耐心打發。過程中需數度停下機器，把沾黏在鋼盆內側周圍的奶油以矽膠刮刀撥回盆底集中。打發完成後，應為顏色變白且含有大量空氣的膨鬆柔軟狀態。這時奶油的溫度約為20℃。

❺ 把步驟③的材料溫度調整成和奶油相同的20℃後，加入步驟④的鋼盆內，以中速攪打，直到整體變得膨鬆柔軟為止。

❻ 把步驟⑤的材料和步驟①的義式蛋白霜混合，以刮刀拌勻。

巧克力奶霜
Crème au chocolat

❶ 鍋裡放入牛奶、鮮奶油D、細砂糖，加熱的同時以木杓仔細攪拌混合。待細砂糖完全融化，鍋內邊緣冒出小氣泡後即可熄火。

❷ 把可可膏切碎，和可可粉一起放入調理盆內，然後把步驟①的材料分成數次倒入，同時以打蛋器確實仔細拌勻混合。一開始會呈現分離狀，但漸漸就會融合乳化。最後加入白蘭地，再次攪拌均勻，然後放入冰箱冷卻降溫。

❸ 將步驟②的材料倒入電動攪拌機的鋼盆內，加入鮮奶油E、F，把鋼盆裝回機器上，打至八分發，舀起前端會呈現鉤狀。放入冰箱冷藏直到使用前。

- -

組合‧裝飾
Montage, Décoration

❶ 從冰箱取出冷藏的薩赫蛋糕及巧克力打發鮮奶油，連同慕絲圈一起放到直徑20cm的厚紙板上。在巧克力打發鮮奶油上面，加上一片切成1cm厚的巧克力海綿蛋糕。

❷ 再加上一個相同大小的慕絲圈，以透明膠帶固定以防錯位。在裝有直徑1cm圓形花嘴的擠花袋內，填入巧克力慕斯林奶油，從中心向外以旋渦狀擠在巧克力海綿蛋糕上。

❸ 在巧克力慕斯林奶油上疊加巧克力戚風蛋糕。以保鮮膜緊密包覆起來後，放入冰箱冷藏30分鐘以上。

❹ 把步驟③的蛋糕從冰箱內取出，取下保鮮膜及慕絲圈，放在旋轉台上。

❺ 上方鋪上大量的巧克力奶霜，以抹刀整平。側面也塗抹並且調整成統一的厚度。巧克力奶霜在使用前，要再次以手動攪拌打發。

❻ 以現削的巧克力薄片裝飾後完成。

Delice

....

精緻

受到甜點店Mont St. Clair主廚辻口博啟的代表作品之一「C'est La Vie」的啟發，參考了商品結構後，推出這款外形完全不同的作品。五層的蛋糕從上而下分別是：白巧克力慕絲、覆盆子奶油醬、巧克力慕絲、開心果海綿蛋糕、巧克力脆餅。而在白巧克力慕絲和覆盆子奶油醬中間，夾有切碎的野草莓，覆盆子奶油醬和巧克力慕絲的中間，則藏有新鮮覆盆子，為口感及風味增添美麗的變化。

開心果海綿蛋糕
Biscuit aux pistaches

開心果粉《pistaches en poudre》…163g
開心果餡《pâte de pistaches》…106g
杏仁膏《pâte d'amandes crue》…71g
全蛋《œufs entiers》…176g
蛋黃《jaunes d'œufs》…128g
蛋白霜《meringue française》
  ┌ 蛋白《blancs d'œufs》…282g
  └ 細砂糖《sucre semoule》…176g
低筋麵粉《farine de blé tendre》…120g
發酵奶油《beurre》…50g
轉化糖《sucre inverti》…15g

巧克力脆餅
Feuillantine au chocolat

牛奶巧克力
（法芙娜「JIVARA・LACTÉE」・可可成分40%）
《chocolat au lait 40% de cacao》…225g
帶皮杏仁膏《pâte d'amandes brute》…525g
脆餅《feuillantine》…400g
開心果碎片《pistaches hachées》…150g

覆盆子奶油醬
Crème à la framboise

覆盆子泥《purée de framboises》…800g
蛋黃（加糖20%）
《jaunes d'œufs 20% sucre ajouté》…384g
全蛋《œufs entiers》…340g
細砂糖《sucre semoule》…80g
吉利丁片《feuilles de gélatine》…12.8g
發酵奶油《beurre》…360g
食用色素（紅）《colorant rouge》…適量

白巧克力慕絲
Mousse au chocolat blanc

英式蛋黃醬《crème anglaise》
  ┌ 牛奶《lait》…280g
  │ 細砂糖《sucre semoule》…30g
  │ 海藻糖《tréhalose》…30g
  │ 蛋黃（加糖20%）
  └ 《jaunes d'œufs 20% sucre ajouté》…156g
吉利丁片《feuilles de gélatine》…14.4g
白巧克力（法芙娜「IVOIRE」）
《chocolat blanc》…314g
鮮奶油（乳脂含量42%）
《crème fraîche 42% MG》…752g

巧克力慕絲
Mousse au chocolat

英式蛋黃醬《crème anglaise》
  ┌ 牛奶《lait》…370g
  │ 細砂糖《sucre semoule》…60g
  │ 海藻糖《tréhalose》…60g
  │ 蛋黃（加糖20%）
  └ 《jaunes d'œufs 20% sucre ajouté》…144g
吉利丁片《feuilles de gélatine》…6.6g
黑巧克力
（法芙娜「IVOIRE」・可可成分64%）
《chocolat noir 64% de cacao》…540g
鮮奶油（乳脂含量42%）
《crème fraîche 42% MG》…924g

組合・裝飾
Montage, Décoration

野草莓《fraises des bois》…500g
覆盆子《framboises》…900g
鏡面果膠《nappage》*…適量

＊無色、無味的鏡面果膠醬100g，加上水20g，再
以食用色素（紅）增加顏色。

作法

開心果海綿蛋糕
Biscuit aux pistaches

❶ 食物調理機裡放入開心果粉、開心果餡、杏仁膏，稍微混合。

❷ 調理盆裡放入全蛋及蛋黃，以打蛋器打散成蛋液，少量多次加入步驟①內。每次加入都使機器運轉數秒鐘，再把沾黏於側面的食材撥回中央，混合均勻。如果混合時間過長，開心果的風味將會消失，須注意。

❸ 電動攪拌機的鋼盆裡放入蛋白及細砂糖，攪拌成質地細緻的蛋白霜（參照p.34）。

❹ 把步驟②的材料倒入調理盆內，加入1／3分量的步驟③蛋白霜，仔細混合拌勻。整體融合後，加入剩下的蛋白霜的一半，切拌混合均勻。

❺ 加入過篩後的低筋麵粉混合均勻，再加入剩下的蛋白霜，仔細混合均勻。

❻ 把奶油及轉化糖一起融化後，加入步驟⑤的調理盆裡，仔細混合均勻。

❼ 烤盤內鋪上烘焙紙，放上方形慕絲圈，倒入步驟⑥的麵糊。

❽ 放入上火175℃・下火185℃的平窯烤箱中烘烤25至27分鐘。

巧克力脆餅
Feuillantine au chocolat

❶ 調理盆裡放入巧克力，隔水加熱融化，加入帶皮杏仁膏後仔細拌勻，溫度調整成40℃。

❷ 在步驟①的材料裡加入脆餅及開心果碎片，仔細混合拌勻。

❸ 在托盤裡鋪上OPP膜，再放上方形慕絲圈，模型內放入步驟②的材料。以L型抹刀調整，使脆餅能厚度平均地分布在模型內。

覆盆子奶油醬
Crème à la framboise

❶ 調理盆裡放入覆盆子泥，隔水加熱。

❷ 和步驟①同時進行，在鍋裡放入蛋黃、全蛋、細砂糖，以小火加熱，同時以木杓攪拌（注意不要混入空氣），慢慢加溫。

❸ 待步驟②的材料到達60℃後，和步驟①的覆盆子泥混合，隔水加熱至80℃，直到出現漂亮的光澤。

❹ 步驟③的材料裡加入以水（分量外）泡軟後的吉利丁片，攪拌融化後，再把盆底浸入冰水降溫冷卻。以濾網過濾，此時最理想的溫度為40℃。

❺ 食物調理機裡放入步驟④的材料及奶油，混合均勻。加入食用色素（紅），繼續攪拌10分鐘。

白巧克力慕絲
Mousse au chocolat blanc

❶ 鍋裡放入牛奶、細砂糖、海藻糖後以中火加熱，煮沸後加入蛋黃，完成英式蛋黃醬。

❷ 步驟①的材料裡加入以水（分量外）泡軟的吉利丁片，以木杓攪拌使吉利丁完全融化。鍋底浸入流動的冷水，使溫度降至55℃，以濾網過濾倒至調理盆內。

❸ 把隔水加熱融化後的白巧克力，和步驟②的材料仔細混合拌勻，完全乳化。

❹ 把鮮奶油打至七分發，即滴落會留下緩帶般痕跡的狀態，加入步驟③的材料內仔細地混合均勻。

巧克力慕絲
Mousse au chocolat

❶ 鍋裡放入牛奶、細砂糖、海藻糖後以中火加熱，煮沸後加入蛋黃，完成英式蛋黃醬。

❷ 步驟①的材料裡加入以水（分量外）泡軟的吉利丁片，以木杓攪拌使吉利丁完全融化。鍋底浸入流動的冷水，使溫度降至55℃，以濾網過濾倒至調理盆內。

❸ 把隔水加熱融化後的巧克力，和步驟②的材料仔細混合拌勻，完全乳化。

❹ 把鮮奶油打至七分發，即滴落會留下緩帶般痕跡的狀態，加入步驟③的材料內仔細地混合均勻。

組合・裝飾
Montage, Décoration

❶ 準備2個托盤，分別鋪上OPP膜後再放上方形慕絲圈，模型裡分別倒入760g的白巧克力慕絲後，放入冰箱冷藏凝固。

❷ 在白巧克力慕絲完全凝固之前，把野草莓切成3至4等分，平均地灑在慕絲表面上。以抹刀輕壓草莓，埋入慕絲裡，再抹平表面。

❸ 在步驟②的慕絲上倒入各900g的覆盆子奶油醬。

❹ 把覆盆子以手指對半撥開，不留空隙地緊密排列於步驟③的奶油醬上，然後分別倒入各950g的巧克力慕絲。

❺ 步驟④的慕絲上方以開心果海綿蛋糕覆蓋，把蛋糕層的烘烤面（上色面）朝上。

❻ 將步驟④所剩下的巧克力慕絲，以抹刀塗抹在開心果海綿蛋糕的烘烤面上，再黏上巧克力脆餅。放入冷凍庫冰鎮凝固。

❼ 從冷凍庫取出步驟⑥的蛋糕，把巧克力脆餅面朝下，置於工作檯上。以刀子切成每塊7.4cm x 2.7cm的大小，表層刷上鏡面果膠，最後以對半切開的覆盆子裝飾即完成。

安食雄二甜點店的原創甜點／精緻

Chocolat Framboise

....

覆盆子巧克力

底層是加入巧克力的薩赫蛋糕，上層是使用了可可粉的杏仁巧克力海綿蛋糕，中間的夾心則是巧克力打發鮮奶油。底層還薄塗了覆盆子果醬，上層則薄塗了覆盆子甘納許。無論上層或下層的蛋糕，都浸泡了以紅酒醋製作的燉莓果糖漿。舌尖感受到的是覆盆子帶來的酸度，鼻尖嗅到的則是紅酒醋傳來的酸味，味蕾的感受瞬間變得立體。最後再以巧克力鏡面醬妝點出光澤感。

材料（37cm x 27cm的方形慕絲圈2個分）

薩赫蛋糕
Biscuit Sacher

→參照p.26。

杏仁巧克力海綿蛋糕
Biscuit aux amandes et chocolat

→材料參照p.101，作法參照p.24。以170℃的平窯烤箱烘烤約40分鐘。切成1cm厚的薄片，配合方形慕絲圈的大小，切除多餘部分。

巧克力打發鮮奶油
Crème chantilly au chocolat

吉利丁片《feuilles de gélatine》…16g
鮮奶油（乳脂含量35%）《crème fleurette 35% MG》…1900g
黑巧克力
（不二製油「Flor de Cacao Sambirano 07」‧可可成分66%）
《chocolat noir 66% de cacao》…404g
牛奶巧克力（法芙娜「JIVARA LACTÉE」‧可可成分40%）
《chocolat au lait 40% de cacao》…296g

覆盆子甘納許
Ganache à la framboise

鮮奶油（乳脂含量35%）《crème fleurette 35%MG》…112g
覆盆子泥《purée de framboises》…165g
麥芽糖《glucose》…82g
牛奶巧克力（法芙娜「JIVARA LACTÉE」‧可可成分40%）
《chocolat au lait 40% de cacao》…494g
黑巧克力
（不二製油「Flor de Cacao Sambirano 07」‧可可成分66%）
《chocolat noir 66% de cacao》…54g
覆盆子白蘭地《eau-de-vie de framboise》…24g

巧克力鏡面醬
Glaçage au chocolat

鮮奶油（乳脂含量35%）《crème fleurette 35% MG》…600g
水《eau》…500g
細砂糖《sucre semoule》…900g
黑巧克力（法芙娜「MANJARI」‧可可成分64%）
《chocolat noir 64% de cacao》…200g
可可膏《pâte de cacao》…120g
可可粉《cacao en poudre》…326g
鏡面果膠醬《nappage neutre》…700g
吉利丁片《feuilles de gélatine》…74g

組合‧裝飾
Montage, Décoration

糖漿《sirop》…混合下列材料
┌ 燉莓果糖漿
│ 《sirop de compote de fruits rouges》*…440g
└ 紅酒醋《vinaigre de vin rouge》…60g
覆盆子果醬《confiture de framboises》
…以下材料放入鍋內，煮至濃縮成糖度75%。
┌ 覆盆子果醬《confiture de framboises》…3000g
│ 冷凍覆盆子
│ 《brisures de framboises surgelées》…3000g
└ 細砂糖《sucre semoule》…1500g
可可粉《cacao en poudre》…適量
冷凍覆盆子《framboises》…適量

＊燉莓果糖漿的材料‧作法參照p.37。

作法

巧克力打發鮮奶油
Crème chantilly au chocolat

❶ 調理盆裡放入事先以水（分量外）泡軟的吉利丁片，隔水加熱融化。加入打至六分發的鮮奶油（滴下痕跡會立刻消失的程度）1/10分量，盆底直接以小火加熱，仔細攪拌使其完全融合。
❷ 另取一個調理盆放入兩種巧克力，以隔水加熱方式融化後，加入步驟❶的材料，以打蛋器仔細攪拌均勻。待整體乳化、質地呈現柔滑細緻的狀態，且溫度到達50℃後即可停止加熱。
❸ 把剩下的鮮奶油分成數次加入。每次加入都以打蛋器攪拌均勻，徹底乳化。鮮奶油全部加完後，一邊轉動調理盆，一邊以矽膠抹刀不破壞氣泡地切拌均勻。

覆盆子甘納許
Ganache à la framboise

❶ 鍋裡放入鮮奶油、覆盆子泥、麥芽糖，加熱至沸騰。
❷ 調理盆放入2種巧克力，以隔水加熱方式融化後，把步驟❶的材料少量多次加入，每次加入都仔細攪拌均勻，使之完全乳化。
❸ 在步驟❷的調理盆中加入覆盆子白蘭地，混合均勻。

巧克力鏡面醬
Graçage au chocolat

❶ 鍋裡放入鮮奶油、水、細砂糖，煮至沸騰。
❷ 調理盆裡放入黑巧克力與可可膏，隔水加熱融化後，再加入可可粉。把步驟❶的材料少兩多次加入，每次加入都仔細攪拌均勻，使之完全乳化。
❸ 將步驟❷的材料倒入鍋內，加熱至沸騰。熄火後加入鏡面果膠醬、以水（分量外）泡軟後的吉利丁片，仔細攪拌均勻後以濾網過濾備用。

組合‧裝飾
Montage, Décoration

❶ 方形慕絲圈裡嵌入薩赫蛋糕，烘烤面朝下。上面刷上糖漿，再鋪上溫熱後的覆盆子果醬。
❷ 於步驟❶的模型中倒入巧克力打發鮮奶油，再放上兩面皆刷上糖漿的巧克力杏仁海綿蛋糕。
❸ 把覆盆子甘納許均勻塗抹在巧克力杏仁海綿蛋糕上，放入冷凍庫冰鎮凝固。
❹ 取下模型，切成27cm x 7.4cm。把巧克力鏡面醬加熱至50℃左右，淋在表面上。蛋糕切成每片2.7cm寬，表面一部分灑上可可粉。覆盆子對半撥開後，取3片裝飾於蛋糕上即完成。

Sweets
Garden

....

甜點花園

對安食主廚來說，東京·尾山台的AU BON VIEUX TEMPS是他十分欽佩喜愛的名店，而店內的覆盆子蛋糕 Delice au framboise，正是這款甜點的靈感來源。Delice au framboise的麵糰裡混合了杏仁，安食雄二甜點店則使用混合了開心果的麵糰，和帶有酸度的覆盆子慕斯林奶油作層疊的夾心搭配。底層墊有巧克力脆餅，為整體添加酥脆的口感。鮮豔的粉紅色配上開心果的淡綠，也正好是安食雄二甜點店內的主視覺色系，因此商品便命名為「甜點花園」。

材料（ 37cm x 27cm 的方形慕絲圈2個分 ）

開心果海綿蛋糕
Biscuit aux pistaches

開心果粉《pistache en poudre》⋯450g
開心果餡《pâte de pistaches》⋯295g
杏仁膏《pâte d'amandes crue》⋯196g
糖粉《sucre glace》⋯140g
轉化糖《sucre inverti》⋯200g
全蛋《œufs entiers》⋯780g
蛋黃《jaunes d'œufs》⋯350g
蛋白霜《meringue française》
┌ 蛋白《blancs d'œufs》⋯480g
└ 細砂糖《sucre semoule》⋯340g
低筋麵粉《farine de blé tendre》⋯196g

巧克力脆餅
Feuillantine au chocolat

牛奶巧克力
（ 法芙娜「JIVARA・LACTÉE」・可可成分40% ）
《chocolat au lait 40% de cacao》⋯225g
帶皮杏仁膏《pâte d'amandes brutes》⋯525g
脆餅《feuillantine》⋯400g
開心果碎片《pistaches hachées》⋯150g

覆盆子慕斯林奶油
Crème mousseline à la framboise

覆盆子泥《purée de framboises》⋯576g
蛋黃（加糖20%）《jaunes d'œufs 20% sucre ajouté》⋯115g
乾燥覆盆子粉《framboises lyophilisées en poudre》⋯25g
覆盆子濃縮果汁（Dover洋酒貿易「Toque Blanche Framboise」）
《concentré de framboise》⋯73g
發酵奶油《beurre》⋯1152g
義式蛋白霜《meringue italienne》
⋯以下列分量製作，總共使用230g
┌ 細砂糖《sucre semoule》⋯150g
│ 水《eau》⋯45g
└ 蛋白《blancs d'œufs》⋯75g

組合・裝飾
Montage, Décoration

火山口奶油醬《crème Saotobo》*1⋯適量
覆盆子碎粒《brisures de framboises》⋯300g
上色杏仁碎粒《amandes hachées colorées》*2⋯適量

*1 火山口奶油醬的材料・作法參照 p.111、p.113。
*2 在滾水裡加入適量的食用色素（紅）後，放入杏仁碎粒，煮至喜好的顏色後即可取出。

作法

開心果海綿蛋糕
Biscuit aux pistaches

❶ 食物調理機裡放入開心果粉、開心果餡、糖粉、轉化糖，稍加混合。
❷ 調理盆裡打入全蛋及蛋黃，以打蛋器打散成蛋液後，少量多次地倒入步驟①的材料內。每次加入都以調理機攪拌數秒鐘，再把沾黏於側面的食材撥回中央，徹底混合均勻。如果混合時間過長，開心果的風味將會消失，要注意。
❸ 另在電動攪拌機的鋼盆裡放入蛋白與細砂糖，攪拌成質地細緻的蛋白霜（參照p.34）。
❹ 把步驟②的材料倒入調理盆內，加入1／3分量的步驟③蛋白霜，仔細混合拌勻。整體融合後，加入剩下蛋白霜的一半，切拌混合均勻。
❺ 加入過篩後的低筋麵粉混合均勻，再加入剩下的蛋白霜，仔細混合均勻。
❻ 烤盤內鋪上烘焙紙，放上方形慕絲圈，倒入步驟⑤的麵糊。為了減緩麵糊烘烤時溫度的上升速度，在蛋糕模型的周圍放上沾濕的厚紙板（店裡使用雞蛋的緩衝紙盒），再放入上火・下火皆170℃的平窯烤箱中烘烤。
❼ 打開烤箱氣門、烤箱門也稍微開啟排出熱氣。烘烤30分鐘後關閉烤箱上火，再於10分鐘後視蛋糕烘烤狀況，可慢慢降低下火溫度。烘烤總時間約為1小時15分鐘，至1小時25分鐘。

巧克力脆餅
Feuillantine au chocolat

❶ 調理盆裡放入巧克力，隔水加熱融化，加入帶皮杏仁膏後仔細拌勻，把溫度調整在40℃左右。
❷ 步驟①裡加入脆餅與開心果碎片，仔細混合拌勻。
❸ 在托盤裡鋪上OPP膜，再放上方形慕絲圈，將步驟②的材料倒入模型內。以L型的抹刀調整，使脆餅能均勻分布在模型內。

覆盆子慕斯林奶油
Crème mousseline à la framboise

❶ 鍋裡放入覆盆子泥煮至沸騰，加入蛋黃，混合均勻。
❷ 熄火，將鍋底浸入流動的冷水或冰水，冷卻降溫。加入乾燥覆盆子粉與覆盆子濃縮果汁，混合均勻。
❸ 把已回至室溫的奶油，放入電動攪拌機內，以中速攪拌。
❹ 奶油徹底攪拌均勻打發完成後，把步驟②的材料分成3至4次加入，持續攪拌。
❺ 待整體呈現柔軟膨鬆的狀態後，加入義式蛋白霜（參照p.35），以矽膠刮刀混合均勻。

組合・裝飾
Montage, Décoration

❶ 將開心果海綿蛋糕切成1cm厚，並保留烘烤面，每一個方形慕絲圈搭配4片海綿蛋糕。
❷ 在巧克力脆餅上薄塗一層火山口奶油醬，把步驟①有烘烤面的那片蛋糕，烘烤面朝下疊上脆餅上。
❸ 在步驟②的蛋糕上加上260g的覆盆子慕斯林奶油，以抹刀推開抹平。灑上50g覆盆子碎粒，再疊上一片開心果海綿蛋糕。重覆這個步驟3次。
❹ 在最上層塗上覆盆子慕斯林奶油，切成27cm x 7.4cm的大小。
❺ 以上色的杏仁碎粒灑在頂端作為裝飾，再切成每塊2.7cm寬即完成。

安食雄二甜點店的原創甜點／甜點花圈

Bouchon de Champagne

....

香檳酒瓶塞

上層是以紅醋栗調味後的粉紅色義式蛋白霜，中間是以香檳製作的香濃慕絲，下層則是白桃果凍。香檳慕絲是將蛋黃及砂糖，與香檳混合加熱，待熄火冷卻後再加入一次香檳製作而成。底層的白桃果凍，則混合了香氣濃郁的燉野草莓，及香煎蘇玳葡萄酒。慕絲裡含有豐富的酒精成分，是相當適合大人的成熟口味。而雙面皆塗有糖漿的杏仁海綿蛋糕，也發揮了襯托味道的作用。由於使用了店內自製、混合包含了Senga Sengana草莓等三種紅莓的燉莓果糖漿，馥郁香氣優雅迷人。模仿香檳酒瓶塞的外形也格外引人注目，清爽的口感韻味無窮，是一道相當適合夏天品嚐的小蛋糕。

材料（直徑5.5cm 高5cm 的慕絲圈20個分）

杏仁海綿蛋糕
Biscuit Joconde

糖粉《sucre glace》…48g
杏仁粉《amandes en poudre》…96g
杏仁膏《pâte d'amandes crue》…25g
全蛋《œufs entiers》…80g
蛋黃《jaunes d'œufs》…50g
蛋白霜《meringue française》
　┌ 細砂糖《sucre semoule》…90g
　│ 乾燥蛋白粉《blancs d'œufs séchés》…3.5g
　└ 蛋白《blancs d'œufs》…177g
低筋麵粉《farine de blé tendre》…70g
融化奶油《beurre fondu》…30g

白桃果凍
Gelée de pêche blanche

白桃泥《purée de pêche blanche》…212g
水《eau》…212g
檸檬汁《jus de citron》…12g
蘇玳葡萄酒《vin liquoreux／Sauternes》…12g
細砂糖《sucre semoule》…24g
卡拉膠（富士商事 PEARLAGAR 5128G）
《carraghénane》…4g
食用色素（紅）《colorant rouge》…適量

剖面

醒目的粉紅色蛋白霜，配上
軟木塞造形的香檳風味慕絲。
底層的白桃果凍以及燉野草
莓，為口感添加層次變化。

香檳慕絲
Mousse au champagne

蛋黃（加糖20%）《jaunes d'œufs 20% sucre ajouté》…80g
細砂糖《sucre semoule》…40g
香檳A《champagne》…80g
綠檸檬汁《jus de citron vert》…32g
海藻糖《tréhalose》…64g
現磨檸檬皮《zests de citrons》…1/2至1個分
吉利丁片《feuilles de gélatine》…4.5g
香檳B《champagne》…80g
鮮奶油（乳脂含量35%）《crème fleurette 35% MG》…280g

紅醋栗蛋白霜
Meringue à la groseille

紅醋栗泥《purée de groseille》…60g
細砂糖《sucre semoule》…204g
水《eau》…60g
蛋白《blancs d'œufs》…120g
食用色素（紅）《colorant rouge》…適量
糖粉《sucre glace》…適量

燉野草莓
Compote de fraises des bois

野草莓（冷凍）《fraises des bois surgelées》…60g
細砂糖《sucre semoule》…12g

組合・裝飾
Montage

燉莓果的糖漿
《sirop de compote de fruits rouges》*1…適量
打發鮮奶油《crème chantilly》*2…適量

　*1 燉莓果的材料・作法參照p.37。
　*2 打發鮮奶油的作法：混合等比的2種鮮奶油（乳脂含量42%與乳脂含量35%），再加上10%分量的細砂糖後，打至8分發，即舀起時前端呈鉤狀。

作法

杏仁海綿蛋糕
Biscuit Joconde

❶ 麵糊的作法參照p.22。把麵糊倒在烘焙墊上，以麵糊調整器推平成5mm厚。置於烤盤內，放入上火・下火皆為230℃的平窯烤箱內，打開烤箱氣門，先烘烤約4分鐘後，把烤盤方向前後對調，再續烤2分鐘，視上色的狀況後出爐。

❷ 上下翻面後置於網架上，取下烘焙墊，散熱置涼。

白桃果凍
Gelée de pêche blanche

❶ 將白桃泥、水、檸檬汁、蘇玳葡萄酒放入鍋中，仔細混合細砂糖與卡拉膠後倒入鍋內。由於卡拉膠不易溶於液體，所以先與吸水性佳的細砂糖混合後再加入。

❷ 加入少許食用色素（紅）後，以小火加熱，同時以打蛋器攪拌混合。溫度升高至80℃左右後即可熄火。

香檳慕絲
Mousse au champagne

❶ 鍋裡倒入蛋黃及細砂糖，以打蛋器攪拌混合，至質地融合滑順後備用。

❷ 另取一鍋，倒入香檳A、檸檬汁、海藻糖，再磨入新鮮檸檬皮。如果先把檸檬皮削好備用，香氣會很快消失，因此使用前再現磨。

❸ 步驟②的材料以中火加熱，同時以打蛋器攪拌混合。煮滾後，以濾網過濾倒入步驟①的鍋內。

❹ 步驟③的材料以中火加熱，不斷以打蛋器攪拌混合，使鍋內熱度均勻。待質地變得濃稠有黏性、溫度到達80至82℃後，即可熄火。

❺ 把鍋子移至工作檯上，持續以打蛋器攪拌直到顏色偏白、質地變成奶霜狀。加入以水（分量外）泡軟，並擰去多餘水分後的吉利丁片，以打蛋器混合拌勻。混合完畢時的溫度約為55℃。

❻ 把冰鎮後的香檳B一口氣倒入（如倒香檳時在杯內保留氣泡的方式），然後再以打蛋器輕輕拌勻。

❼ 把鮮奶油倒進調理盆內，盆底浸入冰水，打至七分發，即滴落會留下緞帶般痕跡的狀態。

❽ 把步驟⑥的材料倒入另一個調理盆內，把步驟⑦的鮮奶油分成3次倒入，每次倒入都一手轉動盆邊，一手以矽膠刮刀從盆底向上翻舀混合拌勻。由於加入鮮奶油會降低溫度，使慕絲變硬，所以要盡量俐落快速地拌勻。

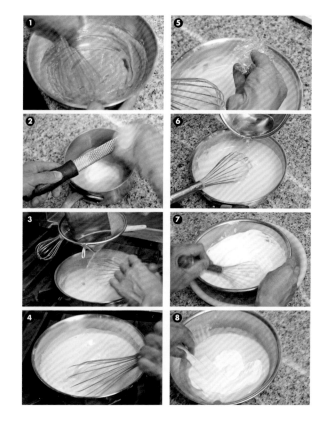

紅醋栗蛋白霜
Meringue à la groseille

❶ 鍋裡放入紅醋栗泥、細砂糖、水，加熱至115至118℃。電動攪拌機的鋼盆裡放入蛋白，把鋼盆裝回機器上，以

❷ 高速攪拌。同時將步驟①的材料以一定的速度與分量，慢慢倒入。紅醋栗泥倒完後，以保鮮膜從機器頂端到鋼盆開口處緊密包覆，因為準備的分量不多，包覆保鮮膜可預防熱氣瞬間散發且溫度急速下降，導致表面乾燥。

❸ 經過2分鐘蛋白開始膨脹後，調整成中速，繼續轉動1分半至2分鐘。這時可以加入少許以水（分量外）溶解的食用色素（紅）。

❹ 最後再以慢速攪拌1分半至2分鐘。逐漸降低轉速，盆內的材料會產生光澤且質地變細，最後打出穩定的蛋白霜

❺ 把步驟④的蛋白霜，填入裝有直徑1cm圓形花嘴的擠花袋內，在鋪有烘焙墊的烤盤內，擠出底部直徑約為6至7cm的拱頂形。

❻ 表面以篩網灑上糖粉。放入旋風烤箱內，開啟烤箱氣門，以220℃先烤1分鐘，前後對調烤盤方向後再烤1分鐘。

❼ 從烤箱內取出，再以瓦斯噴槍將表面烤上色。

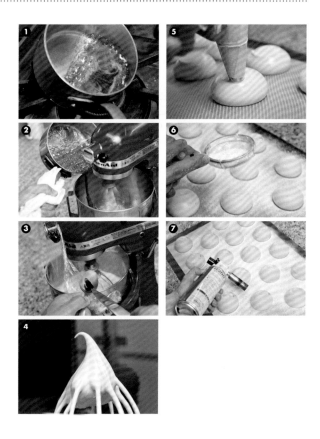

燉野草莓
Compote de fraises des bois

❶ 調理盆裡放入野草莓，灑上細砂糖後靜置一陣子。燉水果所需要的砂糖分量，通常為水果的20%。

❷ 草莓出水後倒入鍋中，以中火加熱。待鍋子邊緣不斷冒出小氣泡即可熄火，以篩網過濾，把糖漿和水果分開。

組合・裝飾
Montage

❶ 把杏仁海綿蛋糕的烘烤面朝下，放在砧板上，以刷子充分刷上燉莓果的糖漿。店內常備有自製的燉莓果（混合了紅色的莓果類，參照p.37），在這裡只使用糖漿部分（甜度為波美度20°）。當然也可以使用其他現成的紅莓果泥或糖漿，甜度則可依個人喜好，調整於波美度20°至30°之間。

❷ 切除蛋糕的邊緣後，再切成寬5cm長16.2cm的長條狀20片，作為成品的側面使用。而底層用的蛋糕片，則以直徑4.5cm的慕絲圈壓形備用。

❸ 在慕絲圈內，依序放入側面蛋糕片、底層蛋糕片。刷有糖漿的面朝內。

❹ 在步驟❸的蛋糕底部中央，放入3至4顆燉野草莓。

❺ 把剛煮好的白桃果凍液，趁熱透過漏斗倒入模型內約1/3高，然後放入冷凍庫內冷藏凝固。由於卡拉膠在40℃左右就會開始凝結，因此要趁冷卻前快速俐落地完成。在冷卻凝固的過程裡，倒入下個步驟的香檳慕絲，會是最流暢的作業順序。

❻ 香檳慕絲完成後，填入裝有直徑1cm圓形花嘴的擠花袋內，將步驟❺的蛋糕從冷凍庫裡取出後，把慕絲擠滿與模型同高，再次放入冷凍庫冰鎮凝固。擠花袋也要事前冷凍降溫後再使用。為了不讓手心的熱度傳導給慕絲，雙手也要以冰水洗過且降溫後再進行擠花。趁慕絲在冷凍庫內冰鎮的空檔，製作紅醋栗蛋白霜，作業上會最為流暢。

❼ 將步驟❻的蛋糕從冷凍庫內取出，移除模型，放在前端彎曲的叉子或是有孔的杓子上，浸泡在燉莓果糖漿內，浸泡高度幾乎和蛋糕相同，但不要讓糖漿沾到慕絲，讓蛋糕完全吸附糖漿。

❽ 將打至八分發，即舀起前端呈鉤狀的打發鮮奶油，擠入步驟❼的蛋糕中央，再以抹刀抹平表面。打發鮮奶油可以使用無糖，或加入少許糖的微甜鮮奶油。由於慕絲含有大量空氣，冷卻凝固後會縮減約3至4mm的高度，便以打發鮮奶油填補落差。

❾ 於步驟❽的打發鮮奶油上方疊上紅醋栗蛋白霜，確實固定好後即完成。打發鮮奶油也有作為蛋白霜黏著劑的效果。

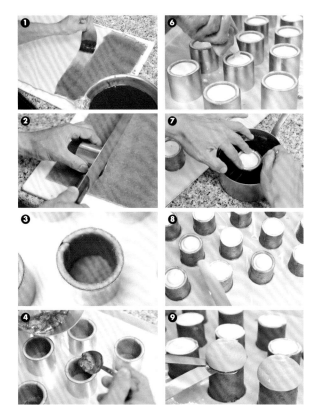

Peach Tea

....

蜜桃茶

僅管商品名稱為蜜桃茶，但有趣的是完全沒有使用蜜桃茶調味。結構從下往上為：香濃的紅茶布丁、口感輕盈的紅茶慕絲、以蜜桃利口酒和檸檬汁包覆的新鮮蜜桃、爽口的白桃果凍，最後則是鮮奶油。每一層都讓紅茶和蜜桃的特色發揮無疑，分開來享用已經十分撩人，一起放入口中，更是讓味蕾完全沉浸在蜜桃茶的風味之中。紅茶選用的是相當適合奶製品、氣味芳香的阿薩姆紅茶。茶葉的分量約為液體的2%至3%。清涼又順口的夏季甜點杯，底部搭配布丁也是巧思的展現。藉由加熱的過程讓紅茶香氣更為濃縮集中，入口芬芳令人回味無窮，達到超乎預期的紅茶滋味。

材料（ 140cc 的容器 12 個分 ）

紅茶布丁
Œufs au lait thé noir

牛奶《lait》…300g
紅茶葉（阿薩姆）《thé noir／Assam》…12g
鮮奶油（乳脂含量35%）
《crème fleurette 35% MG》…50g
全蛋《œufs entiers》…55g
蛋黃《jaunes d'œufs》…17g
細砂糖《sucre semoule》…50g

上圖為紅茶布丁，下圖為白桃果凍的材料。紅茶的種類在經過多方嚐試後，選擇了阿薩姆紅茶。白桃泥使用的則是LA FRUITIERE出品的White Peach。

紅茶慕絲
Mousse au thé noir

紅茶英式蛋黃醬
《crème anglaise au thé》
┌ 牛奶《lait》…100g
│ 紅茶葉（阿薩姆）《thé noir／Assam》…8g
│ 細砂糖《sucre semoule》…40g
└ 蛋黃（加糖20%）《jaunes d'œufs 20% sucre ajouté》…25g
吉利丁片《feuilles de gélatine》…3g
鮮奶油（乳脂含量35%）
《crème fleurette 35% MG》…200g

白桃果凍
Gelée de pêche blanche

白桃泥《purée de pêche blanche》…180g
水《eau》…300g
檸檬汁《jus de citron》…8g
細砂糖《sucre semoule》…65g
卡拉膠（富士商事「PEARLAGAR 5128G」）
《carraghénane》…4.5g
檸檬酸《acides citrique》…3g
食用色素（紅）《colorant rouge》…適量
蜜桃利口酒《liqueur de pêche》…12g

組合・裝飾
Montage,Décoration

水蜜桃《pêches》…2個
蜜桃利口酒《liqueur de pêche》…適量
檸檬汁《jus de citron》…適量
打發鮮奶油《crème chantilly》＊…適量
糖粉《sucre glace》…適量

＊打發鮮奶油，以鮮奶油（乳脂含量40%）加入10%的細砂糖後，打至七分發，即滴落會留下緞帶般痕跡的狀態。

安食雄二甜點店的原創甜點／蜜桃茶

Royal Milk Tea Pudding

皇家奶茶布丁

為了用於「蜜桃茶」而研發，使用阿薩姆紅茶製作成的奶茶布丁。芳醇且有深度的風味，即使單獨享用，味道也相當具有存在感，因此和蜜桃茶同時販售。

紅茶布丁
Œufs au lait thé noir

❶ 鍋裡放入牛奶及阿薩姆紅茶葉，加熱煮至沸騰後立刻熄火，蓋上鍋蓋燜3分鐘，讓紅茶風味滲入牛奶中。

❷ 以濾網過濾步驟①，濾掉茶葉，以木杓按壓濾網上的茶葉，擠出內含的水分。

❸ 測量步驟②液體的重量，以牛奶（分量外）補足被茶葉吸取掉的分量，恢復至300g。再次倒回鍋內，加入鮮奶油後，加熱煮至80℃。

❹ 在加熱牛奶的同時準備蛋液。把全蛋及蛋黃放入調理盆內，稍微打散後加入細砂糖，再以打蛋器攪拌混合後備用。等到使用時，蛋液已完全滲透在砂糖之中。

❺ 待步驟③的材料加熱至80℃後，倒入步驟④的調理盆內，輕輕混合拌勻後，以濾網過濾。混合結束時溫度應為56℃左右。

❻ 將步驟⑤的材料以漏斗倒入容器內約1/4高，放入旋風烤箱內，以80℃烘烤35分鐘。烘烤過程中每7分鐘開一次蒸氣，如果烤箱沒有蒸氣功能，就把容器放在盛有熱水的淺盆裡，隔水烘烤。

紅茶慕絲
Mousse au thé noir

❶ 以製作紅茶布丁的相同手法，讓紅茶香氣滲入牛奶。鍋裡放入牛奶與阿薩姆紅茶葉加熱，煮至沸騰後立刻熄火，蓋上鍋蓋燜3分鐘，讓紅茶風味徹底滲透至牛奶裡。以木杓在濾網內下壓茶葉過濾，以牛奶（分量外）補足被茶葉吸取掉的分量，恢復至100g。再次倒回鍋內，加入細砂糖後，加熱煮至80℃。

❷ 鍋裡放入蛋黃，加入步驟①材料的一半分量。以打蛋器仔細混合均勻後，再倒回鍋內，完成紅茶英式蛋黃醬。

❸ 以木杓輕輕攪動鍋底以防燒焦，一邊持續加熱。待產生適當黏性，溫度達80至82℃後即可熄火。

❹ 把以水（分量外）泡軟的吉利丁片，擰去多餘水分後加入步驟③的蛋黃醬內，仔細混合拌勻，完全融化。

❺ 鍋底浸入冰水，使溫度下降至45℃左右。

❻ 以濾網過濾，過濾後的溫度應為37至38℃。

❼ 鮮奶油打至七分發，即滴落會留下緞帶般痕跡的狀態，分成2次加入步驟⑥內，一邊轉動調理盆，一邊以矽膠抹刀從盆底向上翻舀拌勻。

❽ 把步驟⑦的慕絲填入裝有直徑1cm圓形花嘴的擠花袋內，擠在已於冰箱冷卻凝固的紅茶布丁上。擠入的分量約為剩餘容器的1/2高。之後立刻放入冰箱再次冷卻凝固。最好能先把擠花袋冷藏降溫，雙手也以冰水降溫後再擠慕絲。

白桃果凍
Gelée de pêche blanche

❶ 鍋裡倒入白桃泥、水、檸檬汁。
❷ 調理盆裡倒入細砂糖、卡拉膠、檸檬酸,仔細混合拌勻後,倒入步驟①的鍋內。同時以打蛋器不停地在鍋中攪拌,使所有食材倒落地混合均勻。
❸ 以中火加熱步驟②的材料,同時以打蛋器混合,直到溫度到達80℃。中途加入極少量以水(分量外)溶解的食用色素(紅)。
❹ 鍋子熄火離開火源,加入蜜桃利口酒。
❺ 倒入調理盆內,以保鮮膜緊貼液體表面包覆。
❻ 鍋底浸入冰水散熱降溫,放入冰箱冷藏凝固。

組合・裝飾
Montage, Décoration

❶ 水蜜桃去皮去核後,切成一口大小。
❷ 把步驟①的水蜜桃和蜜桃利口酒與檸檬汁混合。
❸ 從冰箱取出裝有布丁與慕絲的容器,裝入步驟②的水蜜桃,至容器的2/3高。
❹ 以湯匙舀取白桃果凍後,加在步驟③的水蜜桃上方。
❺ 打發鮮奶油至七分發,即滴落會留下緞帶般痕跡的狀態,填入裝有圓形花嘴的擠花袋內,擠入步驟④的容器中,再以抹刀抹平表面。
❻ 最後灑上大量糖粉即完成。

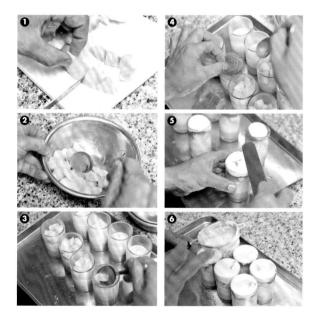

Verrine de Pêche Blanche et Crémant d'Alsace
....

白桃亞爾薩斯氣泡酒甜點杯

在白桃芭芭露亞的上層,是以玫瑰水及蜜桃泥調味的水蜜桃,再層疊上以法國亞爾薩斯的氣泡白酒Crémant d'Alsace所作成的凝凍,是一款相當豪華的甜點杯。在鮮奶油的底下藏有野草莓,以及杯底的燉野草莓,為蜜桃細膩的風味增添了點綴。這款商品是在為La Fruitière公司設計使用冷凍果泥製作的甜點時,所研發出來的成果。外型的搭配則是以凸顯果泥的淡粉紅色作為重點。

白桃芭芭露亞
Bavarois de pêche blanche

白桃泥《purée de pêche blanche》…470g
細砂糖《sucre semoule》…200g
蛋黃（加糖20%）
《jaunes d'œufs 20% sucre ajouté》…175g
吉利丁片《feuilles de gélatine》…9.4g
食用色素（紅）《colorant rouge》…適量
鮮奶油A（乳脂含量35%）
《crème fleurette 35% MG》…470g
鮮奶油B（乳脂含量45%）
《crème fraîche 45% MG》…470g
蜜桃利口酒《liqueur de pêche》…47g

亞爾薩斯氣泡酒凝凍
Gelée de crémant d'Alsace

白桃泥《purée de pêche blanche》…480g
水《eau》…960g
檸檬汁《jus de citron》…56g
細砂糖《sucre semoule》…480g
卡拉膠（富士商事「PEARLAGAR 5128G」）
《carraghénane》…15g
檸檬酸《acides citrique》…18g
亞爾薩斯氣泡酒《crémant d'Alsace》…480g
食用色素（紅）《colorant rouge》…適量

組合‧裝飾
Montage, Décoration

燉野草莓《compote de fraises des bois》*1
┌ 野草莓（冷凍）
│《fraises des bois surgelées》…222g
└ 細砂糖《sucre semoule》…42g
水蜜桃《pêches》…約8個
水蜜桃泥（森永乳業「FRUTTETO」）
《purée de pêche》…適量
玫瑰水《eau de rose》…適量
檸檬汁《jus de citron》…適量
野草莓《fraises des bois》…120粒
打發鮮奶油《crème chantilly》*2…適量
糖粉《sucre glace》…適量

*1 調理盆裡放入冷凍野草莓，灑入細砂糖後靜置解凍一陣子。草莓出水後倒入鍋中，以中火加熱。待鍋子邊緣不斷冒出小氣泡後，即可熄火過濾，把糖漿和燉煮水果分開（參照p.167）。
*2 打發鮮奶油的作法：鮮奶油（乳脂含量40%）加上10%分量的細砂糖後，打至七分發，即滴落會留下緞帶般痕跡的狀態。

作法

白桃芭芭露亞
Bavarois de pêche blanche

❶ 鍋裡放入白桃泥與細砂糖，煮至沸騰後加入蛋黃，混合加熱。
❷ 加熱均勻後，放入以水（分量外）泡軟後的吉利丁片，攪拌融化，鍋底浸入流動的冷水或冰水，降溫後以濾網過濾，倒入調理盆。
❸ 將步驟②的材料加入以水（分量外）溶解的紅色食用色素，混合拌勻，溫度達24℃後，把分別打至七分發的鮮奶油A‧B加入，混合均勻。
❹ 加入蜜桃利口酒，混合拌勻。

亞爾薩斯氣泡酒凝凍
Gelée de crémant d'Alsace

❶ 鍋裡放入白桃泥、水、檸檬汁。調理盆裡放入細砂糖、卡拉膠、檸檬酸，仔細攪拌均勻後倒入鍋內。
❷ 步驟①的材料以中火加熱，同時以打蛋器持續攪拌混合。溫度到達80℃後即可熄火，加入以氣泡酒（分量外）溶解的紅色食用色素，混合均勻。倒入調理盆內，以保鮮膜貼緊液體表面覆蓋。放涼至不燙手的程度後，放入冰箱冷藏凝固。

組合‧裝飾
Montage, Décoration

❶ 取2顆燉野草莓，放在容器底部的對角線上。為了讓草莓能被看見，放置時必需接觸容器的側面。
❷ 將白桃芭芭露亞填入擠花袋內，擠入至容器高度的3至4分滿，放入冰箱冷藏凝固。
❸ 水蜜桃切成1cm丁狀，和水蜜桃泥、玫瑰水、檸檬汁混合備用。
❹ 從冰箱內取出步驟②的芭芭露亞，裝入步驟③的水蜜桃至容器高度的7至8分滿。
❺ 把亞爾薩斯氣泡酒凝凍切成約1.5cm丁狀（吃得到口感的大小），填滿容器。
❻ 在凝凍上放上2顆完整的野草莓。草莓以對角線放入，同時為了讓草莓能被看見，放置時必需接觸容器的側面。
❼ 步驟⑥的凝凍上擠入打至七分發，即滴落會留下緞帶般痕跡的打發鮮奶油，再以抹刀整平表面，最後灑上糖粉即完成。

Ali Baba Mojito

. . . .

阿里巴巴莫希多

以「在夏季提供給客人清爽的甜點」為考量,而發想出這道以薩瓦蘭蛋糕和薄荷凝凍所組的甜點杯。靈感來自以蘭姆酒及綠檸檬、氣泡水、薄荷葉所組合而成的調酒「莫希多」。以蘭姆酒和梅酒浸泡過的芭芭蛋糕,夾心是英式蛋黃醬,搭配以洋梨白蘭地Poire Williams醃漬過的燉洋梨,再配上薄荷凝凍。薄荷凝凍是以搗碎的新鮮綠薄荷,混合了氣泡水與綠檸檬泥,再加入凝固劑所凝結而成。甜度控制得宜,也深受男性顧客歡迎。

芭芭蛋糕
Pâta à baba

（ 140cc 的容器72個分 ）

全蛋《œufs entiers》…389g
細砂糖《sucre semoule》…45g
鹽《sel》…10g
中筋麵粉《farine de blé mitadin》…500g
水《eau》…62g
即溶酵母《levure sèche instantanée》…11g
發酵奶油《beurre》…125g

薄荷凝凍
Gelée de menthe

（ 140cc 的容器30個分 ）

綠薄荷《menthe verte》…7g
綠檸檬泥《purée de citron vert》…70g
細砂糖《sucre semoule》…70g
卡拉膠（富士商事「PEARLAGAR 5128G」）
《carraghénane》…4g
檸檬酸《acides citrique》…1g
氣泡水《eau gazeuse》…330g

燉洋梨
Compote de poires

（ 方便製作的分量 ）

糖漬洋梨
《poires au sirop》…4個罐頭分（ 1罐850g ）
細砂糖《sucre semoule》…150g
香草莢（ 僅使用莢殼 ）
《gousses de vanille》…2本
綠檸檬泥《purée de citron vert》…40g
洋梨白蘭地（ Poire Williams ）
《eau-de-vie de poire Williams》…燉洋梨液體的2%重量

組合・裝飾
Montage, Décoration

糖漿《sirop》…方便製作的分量
┌ 水《eau》…500g
└ 細砂糖《sucre semoule》…250g
蘭姆酒《rhum》…適量
梅酒《liqueur de prune japanaise》…適量
卡士達醬《crème pâtissière》…適量
綠薄荷《menthe verte》…適量

＊卡士達醬的材料・作法參照p.30。

作法

芭芭蛋糕
Pâta à baba

❶ 在電動攪拌機的鋼盆裡放入全蛋、細砂糖、鹽，以打蛋器打散混合。
❷ 步驟①的鋼盆裡放入中筋麵粉，再加上溶於水中的即溶酵母，然後把鋼盆裝回機器上。由於鹽會妨礙酵母菌的作用，所以把食材放入攪拌機鋼盆內時，盡量不要讓鹽和酵母接觸。裝上攪拌頭，以高速攪拌。
❸ 奶油以擀麵棍拍軟後，加入步驟②的材料內，持續攪拌至麵糰集結在一起，能輕易從鋼盆取出為止。
❹ 把麵糰以擠花袋擠入直徑4cm、深2cm的凹槽矽膠模型內，放入上火・下火皆180℃的平窯烤箱中烘烤約20分鐘，再移至180℃的旋風烤箱內，烘烤10分鐘即可。

薄荷凝凍
Gelée de menthe

❶ 將綠薄荷的葉片撕開，放入搗鉢內搗碎，加入綠檸檬泥調合。
❷ 仔細混合細砂糖、卡拉膠、檸檬酸，加入步驟①的材料內，再加入氣泡水後混合均勻。。
❸ 將步驟②的材料倒入鍋內，以中火加熱至約80℃。
❹ 溫度升至80℃後熄火，倒入淺盆內，以保鮮膜緊貼液體表面覆蓋。放涼至不燙手的程度後，放入冰箱冷藏凝固。

燉洋梨
Compote de poires

❶ 將洋梨罐頭中的果肉和糖漿分開，鍋裡放入洋梨罐頭的糖漿、細砂糖、香草莢、綠檸檬泥，以中火加熱。
❷ 煮至沸騰後，倒入步驟①的洋梨果肉，再次加熱至沸騰。
❸ 熄火，以保鮮膜封住鍋子，置於室溫下一晚。
❹ 隔天，從鍋裡取出洋梨果肉，剩下的液體以濾網過濾後，加入液體重量2%的洋梨白蘭地，混合均勻。
❺ 把步驟④的洋梨切成1cm丁狀，浸泡在步驟④的液體內。

組合・裝飾
Montage, Décoration

❶ 鍋裡放入水與細砂糖，點火加熱至沸騰後熄火，放入芭芭蛋糕。鍋子加蓋悶蒸約5至8分鐘後，取出蛋糕置於網架上散熱。
❷ 步驟①的芭芭蛋糕橫向對半切開，剖面刷上蘭姆酒與梅酒。
❸ 容器裡放入半塊芭芭蛋糕，擠上卡士達醬，再加上另外半塊芭芭蛋糕。
❹ 放入切成1cm丁狀的燉洋梨塊，擠上卡士達醬，放上切成約1.5cm見方的薄荷凝凍（吃得到口感的大小），再以新鮮綠薄荷裝飾即完成。

TRAINING DAYS

......

安食主廚的學徒時光

挑戰比賽
──希望展現「個人風格」

從專門學校畢業後，我以甜點師身分所工作的第一家店便是ら・利す帆ん。工作從早上6點開始，結束時幾乎是晚上8點了。由於我住在宿舍裡，所以從早到晚都跟職場的前輩及後輩生活在一起。我與大我一年的前輩辻口博啟（Mont St. Clair的店主兼主廚）、後輩神田広達（L/AUTOMNE的店主兼主廚），三個人經常膩在一起作伴玩耍。由於工作十分辛苦，幾乎沒有放假的時間，最初的三年我感到相當難熬，但是和辻口及神田一起工作的回憶，如今仍是我心中珍貴的寶藏。

在ら・利す帆ん工作期間，當時的主廚非常專注投入比賽，回過神來，我自己也相當熱衷參與比賽了。19歲時第一次報名便運氣很好地入選，之後更加鍥而不捨地在25至30歲期間出席了多次競賽表演。參與比賽無關勝負，學到的東西才是最寶貴的。沒有參賽就無法學到的經驗實在太多了，有許許多多的場合都是必須獨自一個人挑戰超越，在精神層面上有了最好的磨鍊，若能夠入圍當然也就更有自信了，也能更加了解自己所不足之處。

我認為比賽是唯一一個讓年輕甜點師展現個人創造力的地方。在平日的工作裡，大多是由不同的工作人員負責不同的部分，共同完成主廚所構思的甜點。但是參與比賽時，則是從發想設計到執行完成，都由自己一個人承擔。雖然沒有人能給予指導建議而相當艱難，但相對地能夠自由自在地發揮個人的創意，是非常難得的機會。我在參與第一次的比賽後，深感無法具體表現出創意的痛苦，自此之後便在色彩感受、造形、結構上下了很大的苦功。

28歲時，我在挑戰MANDARINE NAPOLÉON國際大會的準備期間，在味覺的表現上不斷受挫，重覆失敗卻毫不氣餒地一次次地重新試作。在正式比賽場上雖然也發生過意外插曲，但由於早已預留了失敗重來的時間，並且以此練習了，最後有幸成為首位摘下冠軍的日本甜點師。回想起來，當時苦惱不已、不斷挑戰重來的經驗，似乎正是奠定如今自己腳步的基石。這樣一步一腳印所累

積極參與各式競賽的學徒時期。1996年於比利時舉行的「MANDARINE NAPOLÉON國際大會」上，成為首次摘下桂冠的日本人，十分光榮。

積下來的成果，帶來了連自己都沒有料想到的評價，也成為許多其他工作機會的契機。

非到法國深造不可嗎？
──我個人的經驗及見解

我在ら・利す帆ん工作約五年，在神奈川・葉山的「鴫立亭」兩年，横浜的Royal Park Hotel則工作了四年。當時，雖然也曾想過前往法國工作，但一路以來所工作的場所，都跟法國沒有直接的關聯，到法國進修似乎是遙不可及且不太實際的一件事。不過，就在我辭去飯店的職務，準備進入下一間店裡工作之前，我想試著去法國工作，便到為專業人士開設的烘焙學校上課，並且找到法國甜點舖的實習工作。話雖如此，所待的時間並不長，僅僅

是不需要特殊簽證的三個月期間而已。當時我29歲。

　　我所進修的店位於法國南部，是阿爾卑斯山山區的格勒諾勃附近鄉鎮裡的糕餅鋪。雖然店主獲頒冰品界的M.O.F.（譯註：Meilleur Ouvrier de France，由法國政府所頒發的最佳工藝師榮譽），但卻是一家連同廚房工作人員僅僅三人的迷你店鋪。我因為累積了多年經驗，對工作流程及內容雖然沒有疑慮，但他們的速度卻相當令我吃驚。每個人都有各自負責的內容要進行，之後再以最快的速度流暢地整合。泡芙的形狀不見得一致，但全部都一起入烤箱烘烤。烘烤時間也不設定時器，加熱奶油醬或糖漿時完全以肉眼判斷。工作流程雖然混亂，但這種情況下出爐的成品，卻不可思議地有著「滋味」。

　　而最令我印象深刻的，就是即使是失敗的作品也絕不丟棄。店裡會把剩下的糖衣或製作失敗的糖飾全部蒐集起來，放入罐子裡小心保存，再把這些糖融化煮成焦糖，改淋在婚禮專用的泡芙塔上。就連我弄錯了布里歐麵包餡的配方時，店主也不斷一邊從錯誤中學習，花上許多工夫及時間，修復成正確的麵糰。這種對於再微小的材料也絕不浪費且珍惜使用的態度，對我來說相當衝擊與震撼。以麵粉和砂糖等材料製作商品，然後販售出去，我親身感受到他們對於甜點師傅這分工作所持有的信念與自尊，是我最大的收穫。

　　是否該前往法國這件事，關乎個人的價值觀及狀況，而工作上的專業度也並非由此而定。以我個人而言，正由於我沒有在法國待上很長時間，反而不會對法式甜點有所執著，而能創造出屬於我自己個人的甜點世界觀。但是，又因為我得以親眼觀察法國鄉間極為樸實的甜點鋪，這些經驗對我來說亦十分寶貴。

如何成為一名主廚
──副主廚時期的經驗支撐如今的我

　　經過在法國三個月時間的進修，我進入Mont St. Clair擔任副主廚，從開幕的1998年開始，在這家店裡工作了約莫三年時光。在此之前，則是擔任Royal Park Hotel的製造主任。在這個時期，我建構出屬於自己的職場工作理念。而首次真正實踐，就是從進入Mont St. Clair擔任副主廚開始。

　　副主廚的職責，就是確實執行主廚所設計的甜點製作，以及控制生產數量。為此必須管理廚房的工作人員，以及產品製造的流程動線，工作內容便是確實管理商品及人員。所以副主廚必需隨時掌握工作人員的狀況、廚房整體的生產力，以及整個團隊的狀態。副主廚的角色可說是身兼主廚及廚房工作人員，作為理解雙方的溝通橋樑，便顯得十分重要。

　　Mont St. Clair開幕後不久，就成為時常在媒體曝光的人氣名店。為了因應客人數量的增加，商品生產數量也必須提高，我們在很短的時間內就組織出能完美對應的團隊，工作時間也縮短許多。除了聖誕節期間，其他時候都是下午六點半便能收工。這樣的經驗也讓我增添不少自信。此外，在辛苦的開幕時期，身為副主廚所學習到的事物，也變成我無可取代的資產。

店內掛有安食主廚進修時期的照片。上面是MANDARINE NAPOLÉON國際大會的照片，下面是在Mont St. Clair擔任副主廚時期，和主廚辻口博啟及其他工作伙伴的合照。

SHOWCASE

......

紀念日蛋糕展示櫃

for "Entremets"
〔 紀念日蛋糕展示櫃 〕

三層展示櫃裡，陳列了約15種各類紀念日蛋糕。一到週末，鮮奶油圓蛋糕一天的銷售量可以多達50個，最受歡迎的是「貝兒熊」、「兔寶寶」、「小小雞」等動物造型的蛋糕。還有許多熱賣的小蛋糕，也會在特別的節日裡，以更豪華的裝飾呈現給顧客。

CHAPTER

④

Cake & Snack

安食雄二甜點店的小點心

作為禮物需求很高的烘焙點心、人氣伴手禮小蛋糕、
充滿著童趣的小點心……
都是店內受歡迎的商品。
餅乾、布丁、蛋糕卷……這些輕鬆享用的日常甜點，
也是安食雄二甜點店的另一個招牌強項。

點心♡

Madeleine

. . . .

瑪德蓮

瑪德蓮的發源地是法國東部的洛林大區裡，一個名為科梅爾西（Commercy）的小鎮。如今是處處可見的基本款烘焙點心，但是食譜配方卻是各有千秋。在安食雄二甜點店裡，為了讓雞蛋及奶油的風味更為明顯，特別選用了沒有特殊氣味、甜味高雅芬芳的蓮花蜜襯托。麵粉則混合了高筋及低筋麵粉，呈現出彈牙的口感。

材料（ 70個分 ）

全蛋《œufs entiers》⋯541g
細砂糖
《sucre semoule》⋯374g
低筋麵粉《farine de blé tendre》
⋯254g
高筋麵粉《farine de blé dur》
⋯254g

泡打粉
《levure chimique》⋯11.5g
鹽《sel》⋯1g
發酵奶油《beurre》⋯509g
蜂蜜《miel》⋯180g

作法

1

調理盆裡打入全蛋，以打蛋器打散後加入細砂糖，磨擦盆底攪拌混合。盆底直接加熱，保持溫度於30℃左右，以打蛋器仔細攪拌，直到蛋筋都打散為止。

2

步驟**1**的調理盆裡加入低筋麵粉、高筋麵粉、泡打粉、鹽，以打蛋器仔細拌勻。粉類須先混合好後過篩備用。

3

鍋裡倒入奶油與蜂蜜，加熱融化至混合。溫度到達45℃左右後，倒入步驟**2**的調理盆內混合均勻。

4

在調理盆中央直立打蛋器，從中心開始攪拌乳化。全部乳化完成後，改以矽膠刮刀從盆底向上翻舀，同時轉動調理盆，混合均勻。

5

將步驟**4**的材料填入擠花袋，擠入模型裡。放入旋風烤箱內，開啟烤箱氣門，先以150℃烘烤約10分鐘，然後關上氣門再烤1至2分鐘，最後把模型前後對調，再烤1至2分鐘。

6

總烘烤時間約為12至14分鐘。出爐後脫模，排列於托盤上散熱冷卻。

安食雄二甜點店的小點心／瑪德蓮

Madeleine Vanille

香草瑪德蓮

一咬下就能感受到馬達加斯加特產香草的香氣在口裡散開。和原味版本相同，基底是加了蜂蜜的濕潤麵糊。蜂蜜先和融化奶油混合後，再加入麵糊裡。

Financier
Beurre Noisette

····

奶油榛果費南雪

費南雪意即「金融業、富豪」，外形有如金塊，是一款使用了大量奶油、杏仁粉、蜂蜜的小點心，在安食雄二甜點店內則有三種不同口味。奶油榛果費南雪的特色是有著焦化奶油的香氣，而製作重點就在奶油焦化的程度，加熱至以比榛果更濃郁的黑棕色，相當有特色。

材料（70個分）

發酵奶油《beurre》…906g
蜂蜜《miel》…57g
蛋白《blancs d'œufs》…1020g
牛奶《lait》…74g
杏仁粉
《amandes en poudre》…409g

低筋麵粉《farine de blé tendre》…362g
糖粉《sucre glace》…810g
鹽《sel》…4.2g

1

鍋裡放入奶油與蜂蜜，點火加熱製作成焦化奶油（奶油榛果口味）。奶油融化後持續加熱，直到顏色變得比榛果變深、接近黑色。由於安食雄二甜點店也是以融化奶油製作原味費南雪，因此奶油榛果口味是以焦化奶油強調兩者間的差異。

2

待奶油榛果用的焦化奶油加熱至喜好的色澤後即可熄火，鍋底浸入流動的冷水冷卻降溫後，再以鋪有廚房紙巾的濾網過濾。

3

蛋白放入調理盆裡，加入牛奶後以打蛋器輕輕打散拌勻。由於奶油經過加熱會失去約15%的水分，因此以牛奶補充。

4

加入杏仁粉、低筋麵粉、糖粉、鹽，仔細混合攪拌直到粉末完全消失。粉類請事先混合好，過篩備用。

5

把步驟**2**的材料一口氣倒入步驟**4**的調理盆內。在調理盆中央直立打蛋器，從中心開始攪拌乳化。全部乳化完成後，改以矽膠刮刀從盆底向上翻舀，同時轉動調理盆，混合均勻。

6

將步驟**5**的材料填入擠花袋，擠入模型裡。放入旋風烤箱內，開啟烤箱氣門，先以164℃烘烤約14分鐘，然後關上氣門再烤2至3分鐘，最後把模型前後對調，再烤2至3分鐘即完成。

安食雄二甜點店的小點心／奶油榛果費南雪

Financier
原味費南雪（左）

Financier Maple
楓糖費南雪（右）

發酵奶油和杏仁的風味及層次感，在口中充分化開的「原味費南雪」，以及加入楓糖，再以混合了砂糖的核桃點綴的「楓糖費南雪」。二款的特色都是充滿了光澤且口感濕潤彈牙。

Carré Alsacienne

· · · ·

亞爾薩斯小方糕

店內的烘焙點心以基本的經典款為主，這道亞爾薩斯小方糕，在兩片烤得酥脆的酥皮麵糰中間，以酸甜的覆盆子果醬作為夾心，上面塗上一層杏仁片牛軋糖，在日本相當受到顧客喜愛。牛軋糖的香甜和果醬的酸味，形成良好平衡，加上酥脆爽口的派皮以及杏仁的清脆口感，十分迷人。

材料（65個分）

杏仁片牛軋糖
《nougat aux amandes effilées》
┌ 發酵奶油《beurre》…182g
│ 鮮奶油（乳脂含量35%）
│ 《crème fleurette 35% MG》…110g
│ 細砂糖《sucre semoule》…176g
│ 麥芽糖《glucose》…44g
│ 蜂蜜《miel》…22g
│ 杏仁片
└ 《amandes effilées》…200g

酥皮麵糰《pâte feuilletée》*
…60cm x 40cm，厚2mm的麵糰2片
覆盆子果醬
《confiture de framboises》
…把下列材料放入鍋內，煮至濃縮為糖度75%。
使用350g。
┌ 覆盆子果醬
│ 《confiture de framboises》…1500g
│ 冷凍覆盆子（冷凍碎塊）
│ 《brisures de framboises surgelées》
│ …1500g
└ 細砂糖《sucre semoule》…750g

* 酥皮麵糰的材料‧作法參照p.28。

作法

1

製作杏仁片牛軋糖：鍋裡放入奶油、鮮奶油、細砂糖、麥芽糖、蜂蜜，以中火加熱至110℃變得濃稠。

2

加入杏仁片，以木杓仔細拌勻。

3

準備2片厚度2mm、切成60cm x 40cm的酥皮麵糰，以滾輪打洞器打出小孔後，放入烤盤內，以預熱至180℃的旋風烤箱烘烤30分鐘。出爐後在其中一片酥皮的正面，均勻鋪上步驟**2**的材料。

4

將步驟**3**的材料放入旋風烤箱內，開啟烤箱氣門，以160℃烘烤約25分鐘。中途對調烤盤的前後方向，待整片烤得顏色均勻後即可出爐。

5

步驟**4**烤好的方糕以麵包刀切成4.5cm見方，注意不切斷酥皮。

6

鍋裡放入覆盆子果醬後加熱，加入覆盆子及細砂糖，慢慢煮至濃縮。

7

把步驟**6**的果醬均勻塗抹在另一片酥皮的正面。

8

把切成4.5cm見方的步驟**5**方糕，在酥皮仍連接在一起的狀態下，把塗有牛軋糖的面朝下放在砧板上。然後把步驟**7**的果醬面朝下，疊在酥皮麵糰上。

9

在步驟**8**的方糕上疊一塊砧板後上下翻面，讓牛軋糖面朝上。以麵包刀沿著之前的刀痕重新切開，將下面的另一片酥皮也一併切開即完成。

DEMI-SEC &
FOUR SEC

......

烘焙點心

外層酥脆、中央鬆軟的達克瓦茲餅，夾入榛果口味的慕斯林奶油。達克瓦茲餅的麵糊裡加入的蛋白霜，為了降低甜分，又能維持麵糰質地細緻且穩定，所使用的蛋白是加了砂糖後，先冷凍再解凍的冰涼蛋白。

誕生於19世紀，以杏仁為主角的小餅乾。店裡的作法是混合杏仁膏與杏仁粉，強調杏仁香氣的同時兼顧濕潤的口感。再加入現磨橙橘皮，在傳統風格強烈的點心裡，加入了原創的色彩。

以檸檬香氣包覆馥郁麵糰的磅蛋糕。麵糰材料為奶油、雞蛋、麵粉、砂糖，以同等比例混合後，再加入現磨檸檬皮，便完成了基本款的週末蛋糕麵糰。最後以混合了檸檬汁與糖粉、不含水分的酸甜糖霜作為表層裝飾。

Dacquoise
Noisette

〔 榛果達克瓦茲 〕

Pain de Gênes
aux Amandes

〔 杏仁熱內亞 〕

Week-end
Citron

〔 檸檬週末蛋糕 〕

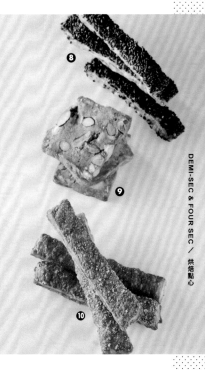

DEMI-SEC & FOUR SEC／烘焙點心

混合細砂糖的奶油酥餅。①是使用帶皮核桃、②是使用椰子粉、③是使用完整的白芝麻。麵糰都是在店內花時間、細細地磨出每一種食材的油脂後所製成的。在①和③的麵糰裡更是分別加入了帶皮核桃及完整芝麻。

皆為冰盒餅乾。④是在香草口味的麵糰裡，加入帶皮核桃後烘烤而成。⑤的麵糰裡則加入可可粉與巧克力碎片，再灑上杏仁片。⑥是在奶油酥餅的麵糰裡加入略為烘烤過的榛果。⑦使用了上新粉，極為爽脆的口感是一大特色。

適合搭配紅酒的鹹餅乾。⑧是把切成棒狀的酥皮麵糰，灑上黑芝麻後烘烤而成。⑨是含有碎核桃與杏仁的起司風味奶油酥餅。⑩是以酥皮麵糰加上店內現磨的荷蘭埃德姆起司、法國葛宏德（Guérande）海鹽、現磨白胡椒調味而成。

❶ Diamant Noix
〔 核桃小圓餅 〕

❷ Diamant Coco
〔 椰子小圓餅 〕

❸ Diamant Sésame
〔 芝麻小圓餅 〕

❹ Sablé Vanille
〔 香草酥餅 〕

❺ Sablé Chocolat
Amande Cannelle
〔 巧克力肉桂酥餅 〕

❻ Sablé Noisette
〔 榛果酥餅 〕

❼ Sablé Riz
〔 米酥餅 〕

❽ Bâton Sésame
〔 芝麻酥餅 〕

❾ Sablé Fromage Salé
〔 鹹起司酥餅 〕

❿ Bâton Fromage
〔 起司酥餅 〕

CAKE

......

小蛋糕

Cake Bamboo

〔 竹子蛋糕 〕

混合了抹茶與開心果的磅蛋糕麵糰,搭配濕潤草莓的組合。原本是打算設計一款使用抹茶粉的蛋糕,在試作時便加入了同色系的開心果搭配,沒想到不但顏色,就連味道都有共通之處,甚至達到相輔相成的效果,因此便正式商品化。

Cake Peach Tea

〔 蜜桃茶蛋糕 〕

受到市售的瓶裝蜜桃茶所激發的靈感,「真想把水蜜桃和紅茶的絕妙搭配,以甜點的手法呈現出來。」安食主廚表示。在混合了磨細的阿薩姆紅茶葉的麵糰裡,加入新鮮水蜜桃後烘烤而成。這是店內「茶葉＋新鮮水果蛋糕」系列的第　號作品。

Cake Mojito

〔 莫希多蛋糕 〕

以莫希多雞尾酒為靈感所作成的蛋糕。新鮮的綠薄荷在使用前才搗碎,和檸檬汁混合。把薄荷檸檬汁混入麵糰裡,加入Le Lectier西洋梨後烤成濕潤的蛋糕。表面刷上以蘭姆酒調味的糖漿,適合愛酒人士。

綠色的是「竹子蛋糕」，棕色是「蜜桃茶蛋糕」，因為把泥狀或粉末狀的配料加入麵糰中一起揉製，所以蛋糕切面也相當色彩繽紛。

CAKE／小蛋糕

Cake Coco Banane

〔 椰子香蕉蛋糕 〕

重點就在店內自製的椰子餡。「椰子粉慢慢研磨後，就能把內含的奶香味及甜度牽引出來」（引用自安食主廚）。和椰子泥一起揉製而成的麵糰，加上香蕉一起烘烤後，灑上滿滿的椰絲組完成。

Cake Figues Noir et Cassis

〔 無花果黑醋栗蛋糕 〕

這是僅在黑色無花果產季才會出現，使用新鮮無花果的限定商品。在磨成粉末的阿薩姆紅茶葉裡加入黑醋栗泥混合，讓水果泥吸收茶葉後再和麵糰融合。麵糰倒入模型裡，上面排列黑無花果後烘烤而成。在表面淋上燉黑醋栗的糖漿，最後以黑醋栗果實點綴。

Cake Hibiscus

〔 洛神花蛋糕 〕

使用品種名為「太陽」的新鮮李子，只有在產季時才會出現在店裡的蛋糕。麵糰裡添加了以花草茶用洛神花磨成的粉末，上面排列切成半圓形的李子。為了不影響蛋糕風味，表面的鏡面醬是以無色無味的寒天製成。

Bear's Pillow

〔 小熊枕頭 〕

使用「水果烤起司蛋糕」（參照p.52）的起司奶油醬，所烤出來的小型舒芙雷起司蛋糕。先在旋風烤箱裡慢慢烘烤後，再換到平窯烤箱內烘乾表面，最後以瓦斯噴槍為表面上色，以仔細的步驟讓單純的美味完全散發出來。如同商品名稱「小熊枕頭」，作成俵型（圓筒形）表現出枕頭的模樣。而日文名ラ・クマのマクラ，無論正唸或反唸發音都相同，從命名到商品本身都極具巧思。

Ajiki-roll
〔 安食卷 〕

從開店以來便以不動之姿獲得顧客喜愛的人氣商品。成功的最重要關鍵就是含有大量空氣、以旋風烤箱烤膨鬆濕潤、質地極為細緻的戚風蛋糕層。以「那須御養卵」及蜂蜜所打造出來的濃郁溫醇芳香,正是其魅力所在。把乳脂含量40%的打發鮮奶油與卡士達醬一起捲入,外形簡簡單單。把蛋糕的烘烤面朝外捲起也是製作時的重點。

❶ 經典《Premium》 ❷ 娟珊《Jersey》 ❸ 招牌《Standard》

Pudding

....

布丁

由於每個人喜好的布丁口味不盡相同,店內備有三種款式:①以鮮奶油、濃縮牛奶取代一部分牛奶,並添加較多的香草籽,雞蛋則使用蛋黃部分,配方較為濃厚,特色是滑潤的口感。②則使用娟珊牛的牛奶、鮮奶油,將其特別香濃的滋味最大程度地發揮。③則是口感略為偏硬的懷舊風布丁,使用低溫殺菌的牛奶,香草籽的分量較少,蛋黃的分量則偏多,以強調雞蛋的香濃及風味。

經典布丁
Premium Pudding

牛奶《lait》…750g
濃縮牛奶（乳脂含量8.8%）
《lait 8.8% MG》…300g
鮮奶油（乳脂含量38%）
《crème fleurette 38% MG》…450g
細砂糖《sucre semoule》…165g
香草莢《gousses de vanille》…1又1/2根
蛋黃《jaunes d'œufs》…240g
焦糖片《tablettes de caramel》…20個

娟珊布丁
Jersey Pudding

牛奶（娟珊牛）《lait》…900g
鮮奶油（娟珊牛，乳脂含量40%）
《crème fraîche 40% MG》…600g
細砂糖《sucre semoule》…180g
全蛋《œufs entiers》…210g
蛋黃《jaunes d'œufs》…90g
焦糖片《tablettes de caramel》…20個

招牌布丁
Standard Pudding

牛奶（低溫殺菌牛奶）
《lait pasteurisé》…1500g
純糖（有機）《sucre biologique》…174g
香草莢《gousse de vanille》…1/2根
全蛋《œufs entiers》…105g
蛋黃《jaunes d'œufs》…255g
乾燥蛋白粉《blancs d'œufs séchés》…4.5g
焦糖片《tablettes de caramel》…20個

作法

1 這三種口味的布丁，雖然材料和配方有些差異，但作法幾乎相同。鍋裡放入牛奶或濃縮牛奶、鮮奶油、香草莢，加入1/3分量的砂糖，加熱至約80℃。香草籽以小刀縱切開香草莢後取出，預先浸泡於牛奶中6小時。

2 調理盆裡放入全蛋、蛋黃、剩下的砂糖，招牌布丁則要放入乾燥蛋白粉，以打蛋器仔細攪拌均勻。

3 步驟**1**的材料煮沸後取出香草莢，再和步驟**2**混合。以濾網過濾後，倒入裝有焦糖片的容器內。

4 放入旋風烤箱內，以85℃烘烤，每隔7分鐘注入一次蒸氣，總共烘烤38分鐘即完成。

Galette des Rois

....

國王派

1月6日是基督教的主顯節，在這個節日所吃的慶祝糕點名為「國王派」。餅中藏有被稱為Fèves的陶瓷玩偶，切開國王派分食時，得到Fèves的人便是國王，會得到接下來一整年的好運。安食雄二甜點店從元旦至1月中旬會販售這款甜點，以酥皮夾著杏仁奶油，外形十分優雅古典。

材料（ 直徑21cm的派1個分 ）

酥皮麵糰《pâte feuilletée》*1
…直徑21cm、厚2cm的麵糰2片
杏仁奶油《crème d'amandes》*2
…200g

*1 酥皮麵糰的材料・作法參照p.28。
*2 杏仁奶油的材料・作法參照p.33。

作法

1

把厚度2mm的酥皮麵糰以7號圓形模型為參考，切成直徑21cm的圓片。先把麵糰放入冷凍庫裡冷藏，會比較易切開。準備2片。

2

把其中一片圓形酥皮放在砧板上，以蛋黃混合適量的水作成蛋液（分量外）後，刷在酥皮邊緣，但別讓蛋液流到酥皮之外。於中央以旋渦狀從中心向外擠上杏仁奶油。共擠2層，下層較大，上層較小。

3

把陶瓷玩偶藏在杏仁奶油裡面，再以抹刀抹平表面。

4

以另一片酥皮加蓋，輕輕地以手掌下壓，擠出多餘空氣，使兩片酥皮緊密結合。由於酥皮麵糰烘烤後，會順著擀開的方向縮小，所以上層的酥皮要和下層酥皮的擀麵方向錯開90℃，再覆蓋上去。

5

放上旋轉台，把酥皮邊緣捏緊，再以小刀切開牙口。在中央隆起處的邊緣，以叉子壓出一圈小洞，以利排出蒸氣。放入冰箱冷藏一天。

6

隔天，在酥皮邊緣和中央隆起處刷上蛋液。在隆起處的中央位置，以牙籤戳出小洞，然後從中央朝外直到圓頂底部，以水果刀的刀背畫上線條狀花紋。放入平窯烤箱中，以上火183℃・下火180℃烘烤約50分鐘即完成。

Stollen

····

德式聖誕蛋糕

在使用大量奶油的發酵麵糰裡，加入了水果乾及杏仁膏烘烤而成的
德式聖誕蛋糕。最初是以基督教的嬰兒包巾為意象的橢圓形，後來
演變為使用磅蛋糕模型烘烤成四方形，反而成為這款蛋糕的特色。
放在冰箱裡冷藏一個月，等待蛋糕完全熟成後才會於店頭販賣。切
成薄片，以微波爐略為加熱過後，滋味更佳。

材料（11.6cm x 9.3cm x 6cm的蛋糕12個分）

蘭姆酒漬水果乾《fruits confits au rhum》
- 葡萄乾《sultanines》…550g
- 蘭姆酒《rhum》…80g
- 綜合果乾《fruits confits》*¹…226g

紅酒漬無花果《figues au vin rouge》
- 半乾燥無花果《figues semi-confites》…550g
- 紅酒《vin rouge》…90g
- 水《eau》…90g
- 細砂糖《sucre semoule》…122g

中種酵母《levure》
- 牛奶《lait》…249g
- 蜂蜜《miel》…44g
- 高筋麵粉《farine de blé dur》…264g
- 酵母菌《levure de boulanger》…88g

杏仁膏A《pâte d'amandes crue》…220g
香草莢《gousse de vanille》…1根

細砂糖《sucre semoule》…110g
肉桂粉《cannelle en poudre》…2g
鹽《sel》…11g
發酵奶油《beurre》…329g
蛋黃《jaunes d'œufs》…59g
現磨檸檬皮《zestes de citrons》…3個分
高筋麵粉《farine de blé dur》…616g
杏仁膏B
《pâte d'amandes crue》…350g
浸泡用奶油《beurre pour tremper》*²
- 發酵奶油《beurre》…300g
- 濃縮牛奶（乳脂含量8.8%）《lait 8.8% MG》…120g
- 米油《huile de riz》…120g
糖粉《sucre glace》…適量

＊1 綜合果乾使用Umehara的「綜合水果乾」。
＊2 小鍋裡放入材料，點火加熱攪拌均勻使奶油融化，直到溫度約50℃。

作法

1 製作蘭姆酒漬水果乾：調理盆裡放入葡萄乾，倒入蘭姆酒浸泡，直到膨脹軟化。加入綜合果乾仔細混合後，以保鮮膜緊密貼合液體表面加蓋後，於室溫下靜置一晚。

2 製作紅酒漬無花果：把半乾燥的無花果乾對半切開（若果乾較硬，就切成4等分）後，放入調理盆內。把混合了紅酒、水、細砂糖後煮沸的液體，倒入盛有無花果乾的調理盆內，以保鮮膜緊密貼合液體表面覆蓋後，於室溫下靜置一晚。

3 製作中種酵母：鍋裡倒入牛奶及蜂蜜，點火加熱至40℃為止。

4 電動攪拌機的鋼盆裡放入高筋麵粉及酵母菌，把鋼盆裝回機器上，搭配勾狀攪拌頭，以慢速開始攪拌。待酵母菌的結塊消失後，從鋼盆邊緣慢慢少量地倒入步驟**3**的材料。持續慢速攪拌1分鐘，調整成中高速後再攪拌2分鐘。直到鋼盆裡的麵糰幾乎不沾黏鋼盆後，即可停止攪拌，以濕布覆蓋，置於溫度約30℃的場所一小時靜待發酵。等麵糰膨脹至兩倍大後，拍打麵糰排出多餘空氣，再次放置在溫度30℃的場所，等待一小時發酵。

5 製作主要麵糰：在電動攪拌機的鋼盆裡放入杏仁膏A、香草籽（不含香草莢）、細砂糖、肉桂粉、鹽，把鋼盆裝回機器上，以中低速攪拌。以擀麵棍拍打奶油至硬度均勻後，每次少許地加入鋼盆內，攪拌均勻。

6 在裝有蛋黃的調理盆裡，加入現磨檸檬皮，慢慢沿著電動攪拌機的鋼盆邊緣倒入。攪拌時盡量讓空氣一起被包覆進去。

7 在步驟**6**的鋼盆裡加入步驟**4**的中種麵糰，混合均勻。再加入高筋麵粉以慢速攪拌，待粉末完全消失後停下機器，把麵糰取出放在工作檯上。

8 以擀麵棍把麵糰擀成100cm x 30cm，把瀝去多餘水分的蘭姆酒漬果乾，均勻地分布在麵糰上。杏仁膏B擀成約100cm長的棒狀，放在麵糰的一端，以此為中心捲起麵糰。捲完第一圈後，均勻灑上瀝去水分後的紅酒漬無花果乾，繼續捲起。總共捲3圈。

9 捲好後整理形狀，分成4等分（每分約為940至950g），裝入37cm x 9.3cm、高6cm的磅蛋糕模型內，放入冰箱冷藏20分鐘。取出後置於室溫底下20分鐘後，置於烤盤放入平窯烤箱中以上火175℃、下火185℃烘烤約50分鐘。放入烤箱30分鐘後，對調烤盤前後方向，如果麵糰膨脹，就把表面壓平。

10 從烤箱出爐後，立刻把每一分切成3等分（寬11.6cm），刷上加熱至50℃的浸泡用奶油，灑上糖粉。重複此步驟3至4次，將糖衣裹至想要的厚度。每一塊都以保鮮膜包好，放入冰箱冷藏一晚。隔天再以保鮮膜包覆一層後，放入冰箱冷藏保管即完成。

CHOCOLAT

......

情人節巧克力

Love Central

〔熱烈的愛〕
10種夾心巧克力

這是情人節限定的軟糖巧克力禮盒。口味從上排由左至右分別為：杏仁堅
果、以調酒「莫希多」為靈感的甘納許、燻製鮮奶油與白蘭地、覆盆子、
蜂蜜與生薑甘納許。下排由左至右為：核桃甘納許、八角、咖啡、佛手柑
薰衣草橙花風味、鹽味焦糖東加豆甘納許。

Dango

〔 糰子 〕
松露巧克力3款一盒．6款一盒

在空心的松露巧克力中，填入了柔軟甘
納許的巧克力禮盒。6種口味由下排最
右順時針依序為：鹽味焦糖、焦糖＆白
蘭地、香檳、蘋果酒、覆盆子玫瑰、桑
椹紅茶。

Praliné

〔 焦糖堅果 〕

圖中下方是香氣十足的焦糖榛果加上牛
奶巧克力，再以冷凍乾燥的香蕉點綴的
「焦糖榛果」。上方的則是焦糖杏仁加
上牛奶巧克力，再灑上冷凍乾燥草莓的
「焦糖杏仁」。除此之外，還有巧克力
板，及蜜漬橘皮巧克力等等，每年情人
節時期會有15至20款的限定商品。

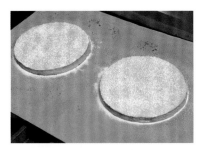

Rocher Amande

〔 杏仁石 〕

花費一個半小時細細製作完成的店內自製杏仁堅果醬，搭配上牛奶巧克力的完美組合。

材料（ 34cm x 34cm x 1cm的方形慕絲圈1個分 ）

焦糖杏仁《praliné aux amandes》
…以下列分量製作，使用912g
┌ 細砂糖《sucre semoule》…465g
│ 水《eau》…150g
└ 杏仁《amandes》…700g
牛奶巧克力（法芙娜「JIVARA LACTÉE」・可可成分40%）
《chocolat au lait 40% de cacao》…417g
可可脂《beurre de cacao》…137g
外層覆蓋用牛奶巧克力
《chocolat au lait pour enrobage》…適量

作法

1　將店內自製的焦糖杏仁，放入食物調理機內攪拌成抹醬狀。

2　調理盆裡放入巧克力，隔水加熱融化後，加入步驟**1**的焦糖杏仁醬與可可脂後，進行調溫直到溫度降至24℃。散熱後推成平板狀，靜置24小時。

3　把步驟**2**的焦糖杏仁巧克力切成小塊後，放入電動攪拌器的鋼盆內（圖①），以中速攪拌。要盡量把空氣拌入，使體積變成兩倍大。

4　在工作檯放上調溫後的覆蓋用牛奶巧克力，輕輕推開成薄片，在巧克力尚未凝固前，放上34cm x 34cm（高1cm）的方形慕絲圈。把模型範圍以外的巧克力切除，模型內放入步驟**3**的焦糖杏仁巧克力，以抹刀抹平表面（圖②）。放入冰箱冷藏靜置一天。

5　隔天，將步驟**4**的巧克力以巧克力切割機切成想要的大小（圖③），再以牛奶巧克力裹上外層即完成。在裹外層時加以吹氣，便會在表面產生波紋圖樣（圖④）。

Smoky Armagnac

〔 煙燻白蘭地 〕

甘納許裡加入了有煙燻香氣的鮮奶油，以及25年分的陳年白蘭地Armagnac。

材料（ 34cm x 34cm x 1cm的方形慕絲圈1個分 ）

煙燻櫻木《bois de fumage》…適量
鮮奶油（乳脂含量35%）《crème fleurette 35% MG》…585g
轉化糖《sucre inverti》…140g
黑巧克力（DOMORI「Sur del Lago 75%」・可可成分75%）
《chocolat noir 75% de cacao》…310g
黑巧克力（DOMORI「SAMBIRANO 75%」・可可成分75%）
《chocolat noir 75% de cacao》…250g
牛奶巧克力（法芙娜「JIVARA LACTÉE」・可可成分40%）
《chocolat au lait 40% de cacao》…93g
發酵奶油《beurre》…128g
白蘭地《armagnac》…60g
外層覆蓋用黑巧克力
《chocolat noir pour onrobago》…適量

作法

1　烤盤內放入圓形慕絲圈，周圍擺放煙燻櫻木，慕絲圈上放上裝有鮮奶油的調理盆（圖①）。在櫻木上點火後，再以電動攪拌機的鋼盆倒扣，完全蓋住裝有鮮奶油的調理盆，讓煙充滿整個鋼盆內，使煙燻味滲入鮮奶油。

2　煙燻時間約30分鐘。移開鋼盆後，會發現鮮奶油的表面覆蓋一層焦糖色的薄膜（圖②）。

3　測量步驟**2**材料的重量，把因為加熱散失的鮮奶油分量補回（分量外），倒入鍋內。加入轉化糖後點火加熱，攪拌的同時加熱至80℃左右（圖③）。

4　將3種巧克力切碎後，放入調理盆內，再倒入步驟**3**的材料（圖④）。稍微靜置，讓鮮奶油的熱度融化巧克力。待巧克力完全融化後，再以打蛋器慢慢地攪拌，促進乳化。待乳化至八成時，加入奶油，奶油融化後再加入白蘭地，仔細混合拌勻。完成後的溫度在30℃左右最為理想。

5　工作檯放上經過調溫的覆蓋用黑巧克力，輕輕推開成薄片，在巧克力尚未凝固前，放上34cm x 34cm x 1cm的方形慕絲圈。把模型範圍以外的巧克力切除，模型內倒入步驟**4**的甘納許，以麵糊調整器抹平。放入冰箱冷藏靜置一天。

6　隔天，將步驟**5**的巧克力，以巧克力切割機切至想要的大小，再以黑巧克力裹上外層即完成。在裹外層時加以吹氣，便會在表面產生波紋圖樣。

Mojito

[莫希多]

以調酒莫希多為靈感，組合了薄荷、綠檸檬、萊姆酒，在夾心巧克力禮盒之中也有這個口味。

材料（ 34cm x 34cm x 1cm 的方形慕絲圈1個分 ）

鮮奶油（乳脂含量35%）《crème fleurette 35% MG》…320g
麥芽糖《glucose》…137g
綠薄荷《menthe verte》…2パック分
綠檸檬泥《purée de citron vert》…160g
黑巧克力（DOMORI「ARRIBA 75%」・可可成分75%）
《chocolat noir 75% de cacao》…478g
牛奶巧克力（法芙娜「JIVARA LACTÉE」・可可成分40%）
《chocolat au lait 40% de cacao》…447g
蘭姆酒《rhum》…20g
外層覆蓋用黑巧克力《chocolat noir pour enrobage》…適量

作法

1 鍋裡放入鮮奶油及麥芽糖，加熱至沸騰。
2 在搗缽裡放入綠薄荷，以木杵搗碎。加入綠檸檬泥，繼續拌勻（圖①至④）。裝入另一個鍋裡，加熱至沸騰。
3 調理盆放入切碎的兩種巧克力，加入步驟1與步驟2的材料及蘭姆酒後，混合至乳化。
4 在工作檯放上經過調溫後的覆蓋用黑巧克力，輕輕推開成薄片，在巧克力尚未凝固前，放上34cm x 34cm x 1cm的方形慕絲圈。把模型範圍外的巧克力切除，模型內倒入步驟3的甘納許，以麵糰調整器抹平表面。放入冰箱冷藏靜置一天。
5 隔天取出步驟4的巧克力，以巧克力切割機切成想要的大小，再以黑巧克力加上外層即完成。以巧克力專用叉子在表面畫出紋路。

Columbia Nariño

[哥倫比亞咖啡]

把烘焙過的咖啡豆浸泡在鮮奶油中24小時，使咖啡風味完全擴散出來。小小一顆巧克力就凝聚了咖啡的香氣、甜味及苦味。

材料（ 34cm x 34cm x 1cm 的方形慕絲圈1個分 ）

咖啡豆《grains de café torréfier》…100g
鮮奶油（乳脂含量35%）《crème fleurette 35% MG》…542g
轉化糖《sucre inverti》…123g
黑巧克力（DOMORI「SAMBIRANO 75%」・可可成分75%）
《chocolat noir 75% de cacao》…266g
黑巧克力（DOMORI「Sur del Lago 75%」・可可成分75%）
《chocolat noir 75% de cacao》…200g
牛奶巧克力（法芙娜「JIVARA LACTÉE」・可可成分40%）
《chocolat au lait 40% de cacao》…213g
發酵奶油《beurre》…136g
外層覆蓋用的黑巧克力
《chocolat noir pour enrobage》…適量
顆粒狀巧克力（法芙娜「Perles・Chocolat」）
《perles chocolat noir》…適量

作法

1 以木杵把烘焙過的咖啡豆搗成粗粒（圖①），放入鍋中炒至冒煙（圖②）。
2 把步驟1的咖啡豆倒入裝有鮮奶油的容器內，靜置24小時，使咖啡風味擴散至鮮奶油內（圖③）。
3 將步驟2的鮮奶油倒入鍋內，加熱至50至60℃後，以濾網過濾。測量鮮奶油重量，補足因加熱而散失的分量（分量外），倒入鍋內。加入轉化糖後加熱，攪拌混合直到溫度到達80℃。
4 將3種巧克力切碎後放入調理盆，再倒入步驟3的鮮奶油。靜置片刻，讓鮮奶油的熱度融化巧克力。待巧克力完全融化後，再以打蛋器慢慢地磨擦底部攪拌，促進乳化。待乳化至八成後加入奶油。
5 在工作檯上經過調溫的覆蓋用黑巧克力，輕輕推開成薄片，在巧克力尚未凝固前，放上34cm x 34cm x 1cm的方形慕絲圈。把模型範圍外的巧克力切除，模型內倒入步驟4的甘納許，以麵糰調整器抹平。放入冰箱冷藏靜置一天。
6 隔天，將步驟5的巧克力，以巧克力切割機切成想要的大小（圖④），再以黑巧克力裹上外層，最後以顆粒狀巧克力裝飾完成。

CONFISERIE

······

白色情人節禮物

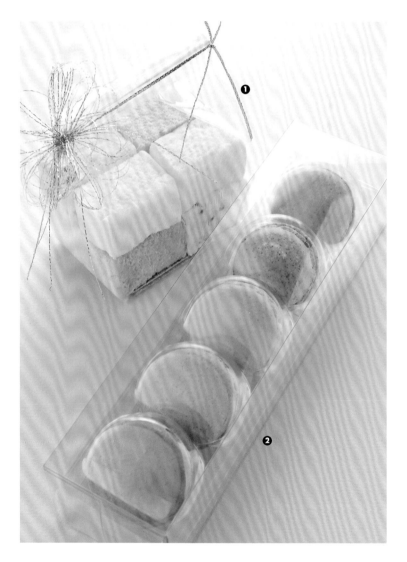

❶ *Guimauve*
〔 棉花糖 〕

❷ *Macaron Flower*
〔 花香馬卡龍 〕

①以義式蛋白霜製作的棉花糖，有香草、檸檬、薄荷巧克力、覆盆子玫瑰等四種口味。
②以花為主題的馬卡龍禮盒。從圖中由下而上依序為：洛神花蛋白餅夾紅醋栗奶油餡、薰衣草伯爵茶蛋白餅夾檸檬奶油餡、茉莉花蛋白餅夾洋甘菊奶油餡、伯爵茶蛋白餅夾伯爵茶橙花水甘納許、覆盆子蛋白餅夾覆盆子玫瑰奶油餡。

❸ Love Rocks Shiro
〔 愛的白色米香 〕

❹ Marie Antoinette's Sweets
〔 瑪莉安東尼甜點 〕

❺ Pâtes de Fruits
〔 水果軟糖 〕

③將米香和脆餅（feuillantine）以白巧克力混合，作成的巧克力脆餅，也加入了冷凍乾燥後的香蕉與百香果。 ④一口大小的綜合蛋白霜餅。共有覆盆子、檸檬、百香果三種口味。 ⑤ 以100%果汁和果膠煮成的硬式軟糖。共有百香果、水蜜桃、草莓、覆盆子、芒果、芭樂、紅醋栗、黑醋栗等八種口味。

❻ Tablette Chocolat
〔 巧克力板 〕

因為是白色情人節專屬的巧克力，所以採用白巧克力搭配愛心形狀餅乾，再以杏桃果乾加以點綴，以相當可愛的樣貌呈現。除此之外，還有牛奶巧克力搭配榛果、黑巧克力貼上咖啡豆等不同口味。每年都會在內容上稍加變化，有二至三種搭配可供選擇。

ENTREMETS

......

紀念日蛋糕

Ours
〔 貝兒熊 〕

動物外形的鮮奶油蛋糕,是安食雄二甜點店的代表商品。其中「貝兒熊」是安食主廚最先創作出來的造型,陪伴主廚已有十年。以巧克力、葡萄、櫻桃所創作出來的貝兒熊,可愛的表情總是能抓住客人的目光。貝兒熊同時也是店內的吉祥物,官方網站和促銷商品上都能看見牠的身影,也代表主廚為店內發聲,傳遞各式訊息給消費者。

Lapin

〔 兔寶寶 〕

以鮮紅草莓作成眼睛，令人印象深刻的「兔寶寶」最受小女生的歡迎。這款造形蛋糕的誕生，起因於顧客的抱怨：為了孫子的生日而特別購買的蛋糕，打開盒子後卻發現跟當初下訂的模樣不同，是針對成人所設計的風格，結果孩子說了「我不想要」。安食主廚向對方爭取「請再給我一次機會」後，所誕生的便是這款兔寶寶。「因為是喜歡的兔子圖案，小朋友似乎相當開心，客人也親自向我道謝。」（安食主廚）

Porc

〔 豬先生 〕

豬在歐洲是幸運的象徵，因此作成生日或紀念日蛋糕也相當適合。在鮮奶油蛋糕上以海綿蛋糕加上耳朵、腳和鼻子，表情討喜又可愛。以切成圓片狀的葡萄作成眼睛，再加上白巧克力製作的眼皮，然後以白巧克力筆畫出愛心，恋人憐愛。兩頰的紅暈是以手指沾取覆盆子粉畫上，而鼻孔裡的藍莓則是主廚童心未泯的表現。

Chat

〔 喵喵 〕

由於許多顧客是愛貓人士，自然也有貓咪的紀念日蛋糕。鼻子是松露巧克力，嘴巴則是以鮮奶油擠出成立體圓形來表現。眼睛是以圓片狀葡萄放上葉片狀的黑巧克力片，再刷上寒天增添光澤。利用圓形海綿蛋糕的烘烤面，呈現三花貓的毛色，十分有創意。以巧克力製成的細膩睫毛與鬍鬚也是一個賣點。糖漬櫻桃演出伸出的小紅舌，喵喵的表情調皮又有趣。

Poussin

〔 小小雞 〕

追著蟲子跑、蓋著蛋殼的「小小雞」。讓人看著不禁莞爾的這款蛋糕，配合從出生滿3個月的記念日，到滿6個月的半歲生日、滿1歲的周歲生日等等，總是受到許多客人的訂購。每種動物造型蛋糕都有各自預設的用途（紀念日或生日），因而在表情的設計上也特別注意。至今已經販售出接近一萬個造型蛋糕，每一個都是安食主廚親自製作。

Voiture

〔 嘟嘟車 〕

以兩塊大小不同的四方形鮮奶油蛋糕，所疊出的車子造形蛋糕，最受到小男生的喜愛。把車頭燈當成眼睛、散熱片當成嘴巴，利用水果作成臉部五官；再以巧克力加上厚厚的眉毛，嘟嘟車有著淘氣逗趣的表情。輪胎以直立貼上的馬卡龍蛋白餅呈現，車尾燈則是糖漬櫻桃，連小細節都不馬虎。引擎蓋的位置貼上白巧克力片，可寫上壽星的年齡。

Fraise

〔 草莓鮮奶油蛋糕 〕

在每週銷售約200個的各式大蛋糕裡，草莓鮮奶油蛋糕是最受歡迎的鮮奶油蛋糕了。利用從那須高原指定農場直送而來的新鮮雞蛋，所製作的海綿蛋糕搭配了高品質的鮮奶油，食材和小蛋糕版本完全相同（參照p.41）。造型的重點便是顏色以及美麗的鮮奶油擠花。草莓只使用成熟的鮮紅色草莓，對半切開後再去除蒂頭成為心形，再以寫上文字的心形巧克力片作最後裝飾。

Fromage Cru

〔 生起司蛋糕 〕

混合使用了丹麥產與法國產的奶油起司所製作的生起司蛋糕。底部有兩層蛋糕：杏仁甜派皮塗上檸檬奶油醬，再疊上杏仁海綿蛋糕。小蛋糕版本（參照p.46）是直方體的倒落造型，大蛋糕版則使用聖多諾黑花嘴擠上鮮奶油後，再在周邊黏上骰子狀的海綿蛋糕，外形相當熱鬧且豪華。以切成半月形的新鮮檸檬及檸檬葉裝飾，增添色彩點綴。

Mont-blanc

〔 蒙布朗 〕

結構和小蛋糕版本（參照p.78）相同，在蛋糕底座的蛋白霜上，加上了法國產的栗子餡與栗子泥所作成的栗子奶油醬，再加上口感清爽的白巧克力甘納許，最後以栗子打發鮮奶油覆蓋。小山丘形狀的蒙布朗顏色單調，外形稍嫌無趣，因此以大小不同的慕絲圈將黑、白巧克力片壓型後，水平裝飾在蛋糕上，視覺效果立刻變得時髦。灑上糖粉、以銀珠糖點綴後，再加上以粉紅色緞帶作成的圓圈，華麗感更升級。

Delice

〔 精緻 〕

以白巧克力慕絲、覆盆子奶油醬、巧克力慕絲、開心果海綿蛋糕、巧克力脆餅所層疊起來的小蛋糕（參照p.157）的大蛋糕版本，以加入綠色開心果的打發鮮奶油、粉紅色的馬卡龍、白巧克力、覆盆子，裝飾出豪華的視覺效果。有著五種不同層疊顏色的美麗切面，是這款蛋糕的特色之一，夾在慕絲和鮮油醬之間的野草莓及覆盆子，點綴出鮮豔色彩。

Honey Hunt

〔 獵蜜 〕

在普羅旺斯產蜂蜜所作的慕絲之中，包覆著富含香草甜香的鮮奶油。蛋糕底座是以楓糖增加風味的杏仁海綿蛋糕。和小蛋糕版本（參照 p.142）相同，形狀為六角形，上面搭配焦糖醬，作出切開時內餡會緩緩流出的設計。包圍住焦糖醬的是以聖多諾黑花嘴所擠出的義式蛋白霜。使用瓦斯槍烘烤上色，讓整體外形更顯精緻有個性。

Printemps

〔 春 〕

在杏仁甜派皮上鋪滿了杏仁奶油及草莓的水果塔,加上紅莓醬、新鮮的草莓、覆盆子、藍莓
等莓果,再擠上滿滿起司奶油醬……大膽地使用白巧克力薄片,作成視覺效果豪華的裝飾,再
加上粉紅色的緞帶,圍繞出春天的氣息(小蛋糕版本參照 p.49)。

Jivara

〔 吉瓦那 〕

脆餅被巧克力及堅果醬包覆，搭配栗子口味的蛋糕層，再疊上牛奶巧克力Jivara Lacté（法芙娜‧可可成分40%）甘納許，變身成安食雄二甜點店的特色點心。沒有過多裝飾，卻充滿奔放感的視覺效果，是這款蛋糕最大的特色。以黑巧克力削成薄片後作成的裝飾擺滿整個蛋糕的表面，相當引人注目（小蛋糕版本參照p.107）。

Saotobo Rouge
〔 紅色火山口 〕

這款鋪滿覆盆子粉的鮮紅色蛋糕，也是店內招牌商品之一。無論是大蛋糕或小蛋糕版本（參照 p.110），周圍管是巧克力餅、內部則是經過冷凍的開心果甘納許。為了讓裡面的甘納許在切開時能順利流出，建議在食用前先以微波爐稍微加熱。裝飾上則以巧克力奶油醬、新鮮覆盆子、巧克力脆餅，以及捲成圓筒狀的巧克力片製作，展現細膩的手法。

HOLIDAY

......

安食主廚的假日

據說只要遇上店內公休日，安食主廚一定早上三點起床
到海邊去。衝浪板上的塗鴉是主廚所畫的店內情景。

Surfing

對安食主廚來說，衝浪不僅是興趣，更是生活態度。
「在甜點師這個身分之前，我更希望自己永遠是個專業
衝浪者。」安食主廚如是說。

　　要能夠長期從事甜點師的工作，最重要的便是維持健康的身體。為此，有兩件事需要注意，其一是飲食。我看著剛離開父母身邊的新手學徒們，每天的飲食經常以速食或外食打發，長期下來的結果便是身體很容易出狀況。為了能確實地工作，良好的飲食習慣絕對不可或缺。

　　另一點就是擁有個人興趣。在狹小的廚房裡工作，對身心來說都是相當沉重的壓力。所以到了假日，就應該徹底忘記工作，完全投入自己最熱衷的事物裡。為了忘卻工作所帶來的煩惱和疲勞而找出嗜好，其實對持續工作下去來說相當重要。

　　我從學生時期開始至今將近30年，一直不斷地在衝浪。如今我仍是只要有空，盡量每週都到海邊去。也許

Yoga

為了提升衝浪技術而開始練瑜伽,不但矯正了脊椎側彎,也能打造強韌且健康的肌肉。對於消除疲勞、解除壓力也有很好的效果。

於世界知名的峇里島衝浪景點Keramas。「乘著朝陽衝上浪頭的瞬間,是幸福的頂點。」安食主廚如是說。

有人認為衝浪是種流行風潮,但其實它非常難以一言道盡。衝浪是一種以大自然為對手的極限運動,必須不斷地自我挑戰。藉由和海浪正面接觸,也能明白自己身體的底限,也因此便會注意自我體能調整,並朝維持體力及耐力而努力。

想要挑戰大浪,就必須先累積經驗、從日常生活裡鍛練自我的精神。這和面對人生或立足商場可說是相同的。無論面對多麼困難的局面也必須克服、精進專業技術、增強自我的意志力、建立人脈等等,對甜點主廚而言都是必要的。

全心投入喜好的興趣之中,對於保持心靈的健康極端重要。正因為有嗜好,才能把工作作得更好。

STAFF

......

工作伙伴

廚房工作人員 12 位，銷售人員 4 位。當店內忙碌時，廚房裡的工作同仁也會到前場協助販賣事宜。

　　主廚的工作也許被誤認為是「負責作出（設計）美味甜點」而已，但我自己一方面身為專業主廚製作出優質的商品，另一方面也培養人才建立一個好的團隊。甜點店的營運，只靠一個人的努力是無法達成的。換句話說，如果無法建立一個良好的團隊，我所設計的甜點便無法成功呈現在商店裡。除了提升廚房裡每位工作伙伴的程度，視整個團隊的調性隨時調整制度也非常重要。為了製作出美味的甜點，這是每位甜點主廚必備的能力之一。

　　商品的製作技能，只要累積了足夠的經驗就會具備。但是，該如何確實把這些技術傳遞給工作人員，卻更為重要。尤其在一間一天會湧入數百位客人的店裡，如果沒有一個訓練得宜、運作良好的團隊，事情是無法順利完成的。因此主廚除了本身的修養相當重要之外，所具備的知識、感性、技術等等若沒有到達一定程度，旗下的工作同

仁也不會願意跟隨。當我第一次有了後輩的時候，真是拚了命地想當個好「前輩」，但由於我自己尚不夠成熟，曾經有過被頂撞的經驗。當下我才深刻體悟到，想要策動別人，首先必需先磨鍊自己才行。一旦自己有了能力，就算不特別張揚，身邊也會有人聚集起來。

　　團隊的優點在於增加效率，例如兩名能每個月獨立作出1000分甜點的工作人員，合作卻能一個月產出3000分甜點。1公斤麵粉能作出的甜點分量有限，但人的可能性卻無限。這也正是團隊合作最有意思之處。

　　要把人才當成「人財」來培養才行。我認為甜點店的經營重點，就是成立一個良好的團隊。今天在這裡工作的伙伴，將來都有可能成為甜點主廚。為了迎接未來，我希望能銘記人才培養及打造團隊的重要性，時時鞭策自己。

給父親的一封信

致父親 安食豐次郎

開設建設公司的父親有著工匠氣息，雖然不善言詞，卻是努力工作的男子漢。
面對我這個調皮的次子，記得父親曾經對別人說過，我和父親其實很像。
而我，經常挨父親的罵。

「男生可以多點氣魄。」
「要打架也要找比自己強的對象去打。」
「你跟老爸一樣受歡迎，要小心女人。」
「打招呼很重要。不要說謊。」
「我是靠木工吃飯的。」
「要懂得如何用人，要變得高人一等。」

這些是父親在我心裡留下的話。

令我敬畏又強大的父親，背影巨大，坐在他的肩頭好舒服，總是聞得到一股男
性專用洗髮精的香味。

身為父親、男人、經營者，都是最讓我尊敬的父親。

直到最後都希望我能順利獨立，
直到最後都放心不下我的老爸。

2010年5月Sweets Garden Yuji Ajiki順利開幕，
同年8月離開人世的父親，雖然無法實現親臨安食雄二甜點店內的夢想，
但父親的血與魂確實存在我的體內，與我一同呼吸。

雄二 敬上

天然食材✕精緻手感
烘焙衣飾暖熱香甜的幸福味

超低卡不發胖點心、酵母麵包
米蛋糕、戚風蛋糕……
讓你驚喜的健康食譜新概念。

本圖摘自《手作簡單經典の50款輕食烤點心》

烘焙良品 60
東京自由が丘Mont St. Clairの
甜點典藏食譜
作者：辻口博啓
定價：680元
19×26 cm・168頁・彩色＋單色

烘焙良品61
德國食尚甜點聖經
作者：安ърри明
定價：1200元
19×26 cm・272頁・彩色

烘焙良品62
職人級法式水果甜點經典食譜
作者：田中真理
定價：899元
19×26 cm・240頁・彩色

烘焙良品 63
一個模具作40款百變磅蛋糕
作者：津田陽子
定價：280元
21×26 cm・88頁・彩色

烘焙良品 64
無添加蛋奶的田園風味
法式鹹派＆甜塔35+
作者：伴奈美・深澤曉子・今井洋子
定價：280元
19×26 cm・88頁・彩色

烘焙良品65
手作簡單經典的50款
輕食烤點心 家用烤箱OK！
作者：上田悦子
定價：300元
19×26 cm・104頁・彩色

烘焙良品66
清新烘焙・酸甜好滋味の
檸檬甜點45
作者：若山曜子
定價：350元
18.5×24.6 cm・80頁・彩色

烘焙良品 67
麵包職人烘焙教科書
作者：堀田誠
定價：480元
19×26 cm・152頁・彩色

好評
推薦

烘焙良品 68
簡單7Steps！
30款美味佛卡夏幸福出爐
作者：河井美步
定價：280元
26×19 cm・104頁・彩色

烘焙良品69
菓子職人特選甜點製作全集
作者：岡田吉之
定價：1200元
19×26 cm・336頁・彩色

烘焙良品70
簡單作零失敗の
純天然暖味甜點
作者：藤井惠
定價：280元
21×26 cm・80頁・彩色

烘焙良品71
誕生於法國的
天使之鈴
可露麗
作者：熊谷真由美
定價：280元
19×26 cm・104頁・彩色

烘焙良品 72
家庭廚房OK！
人人愛の巧克力甜點
作者：小山進
定價：300元
19×26 cm・80頁・彩色

烘焙良品 73
紅豆甜點慢食光
甜而不膩的幸福味
作者：金塚晴子
定價：350元
19×26 cm・104頁・彩色

烘焙良品74
輕鬆親手作好味
餅乾・馬芬・磅蛋糕
作者：坂田阿希子
定價：300元
21×26 cm・88頁・彩色

烘焙良品75
擠花不NG！
夢幻裱花蛋糕BOOK
超過20種花式擠花教學
作者：福田淳子
定價：380元
19×26 cm・136頁・彩色

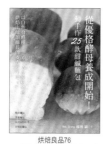

烘焙良品76
從優格酵母養成開始！
動手作25款甜鹹麵包
作者：堀田誠
定價：350元
19×26 cm・96頁・彩色

烘焙良品 77
想讓你品嚐の
美味手作甜點
作者：菅野のな
定價：300元
21×19.6 cm・96頁・彩色

烘焙良品 78
蘋果甜點
作者：若山曜子
定價：350元
18.5×26 cm・100頁・彩色

烘焙良品79
好口感的纖維系麵包
有38款天天換著吃！
作者：石澤清美
定價：320元
19×26 cm・104頁・彩色

手作良品81
10家東京烘焙名店
高人氣食譜×獨門經營心法
大公開
作者：柴田書店
定價：350元
19×26 cm・128頁・彩色

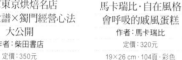

手作良品82
馬卡瑞比・自在風格
會呼吸的戚風蛋糕
作者：馬卡瑞比
定價：320元
19×26 cm・104頁・彩色

手作良品83
CAKES：烘焙日常の甜食味
作者：坂田阿希子
定價：450元
19×26 cm・136頁・彩色

手作良品84
無法忘懷的樸實滋味
京都人氣麵包
「たま木亭」烘焙食譜集
作者：玉木潤
定價：480元
19×26 cm・120頁・彩色

手作良品85
板狀巧克力就能作！
日常の巧克力甜點
作者：ムラヨシ マサユキ
定價：350元
19×26 cm・96頁・彩色

手作良品86
烘焙新手也能作的
無麩質法式甜點
作者：大森由紀子
定價：350元
19×26 cm・104頁・彩色

手作良品87
把烘焙變簡單＆
什麼都可以作！
一起作233道職人級好味甜點
作者：音羽和紀
定價：680元
19×26cm・224頁・彩色

手作良品88
甜鹹都滿足！包餡瑪德蓮＆
百變費南雪：2款基本麵糰
變出52道美味法式點心
作者：菖本幸子
定價：350元
19×26cm・88頁・彩色

手作良品89
日本人氣甜點師教你輕鬆
作・好看又好吃的免烤蛋糕
作者：森崎繭香
定價：350元
19×26cm・96頁・彩色

蔬食良品

愛上微酸甜的酵素生活
作者：杉本雅代
定價：280元
19×26 cm・80頁・彩色

123，喝了變漂亮！
美人專用・原汁原味蔬果昔
作者：鈴木あすな
定價：350元
17x23 cm・136頁・彩色

本圖摘自《123，喝了變漂亮！美人專用・原汁原味蔬果昔》

國家圖書館出版品預行編目(CIP)資料

一流主廚的蛋糕櫃：安食雄二原創甜點食譜集 ／ 安食
雄二著；丁廣貞翻譯. - 初版. - 新北市：良品文化館
出版：雅書堂文化發行, 2019.12
　　面；　公分. - (烘焙良品；90)
ISBN 978-986-7627-08-7(精裝)

1.點心食譜

427.16　　　　　　　　　　　108005622

烘焙　良品 90

一流主廚的蛋糕櫃
安食雄二原創甜點食譜集

作　　　者／安食雄二
譯　　　者／丁廣貞
發　行　人／詹慶和
總　編　輯／蔡麗玲
執　行　編　輯／陳昕儀
編　　　輯／蔡毓玲 · 劉蕙寧 · 黃璟安 · 陳姿伶
執　行　美　編／陳麗娜
美　術　編　輯／周盈汝 · 韓欣恬
出　版　者／良品文化館
郵政劃撥帳號／18225950
戶　　　名／雅書堂文化事業有限公司
地　　　址／220 新北市板橋區板新路 206 號 3 樓
電　子　信　箱／elegant.books@msa.hinet.net
電　　　話／(02)8952-4078
傳　　　真／(02)8952-4084

2019 年 12 月初版一刷　定價 800 元

經銷／易可數位行銷股份有限公司
地址／新北市新店區寶橋路 235 巷 6 弄 3 號 5 樓
電話／(02)8911-0825
傳真／(02)8911-0801

STAFF

採訪 · 撰文／並木麻輝子
攝影／高島不二男
美術／吉澤俊樹（ink in inc）
設計／ink in inc
插畫／安食雄二
排版／島內美和子
法語校對／千住麻里子
編輯／黑木 純